Hongos de los lacandones de Nahá y Metzabok: Guía ilustrada de macromicetos

Hongos de los lacandones de Nahá y Metzabok: Guía ilustrada de macromicetos

Felipe Ruan Soto
Lilia Pérez Ramírez
Joaquín Cifuentes Blanco
Marisa Ordaz Velázquez
Andrés Cruz Solís
Yasminda García del Valle
Felipe de Jesús Reyes Escutia
Ramón Mariaca Méndez

ECOSUR

EL COLEGIO DE LA FRONTERA SUR

E
589.2097275
H6

Hongos de los lacandones de Nahá y Metzabok: Guía ilustrada de macromicetos / Felipe Ruan Soto, Lilia Pérez Ramírez, Joaquín Cifuentes Blanco, Marisa Ordaz Velázquez, Andrés Cruz Solís, Yasminda García del Valle, Felipe de Jesús Reyes Escutia, Ramón Mariaca Méndez.- San Cristóbal de Las Casas, Chiapas, México: El Colegio de la Frontera Sur, 2017.
77 p. : fotografías, ilustraciones, mapas ; 14x21 cm.
Bibliografía (p. 73-76)
ISBN: 978-607-8429-48-6

1. Hongos, 2. Taxonomía de los hongos, 3. Conocimiento tradicional, 4. Etnomicología, 5. Nahá, Ocosingo (Chiapas, México), 6. Metzabok, Ocosingo (Chiapas, México), I. Ruan Soto, Juan Felipe (autor), II. Pérez Ramírez, Lilia (autor), III. Cifuentes Blanco, Joaquín (autor), IV. Ordaz Velázquez, Marisa (autor), V. Cruz Solís, Andrés (autor), VI. García del Valle, Yasminda (autor), VII. Reyes Escutia, Felipe de Jesús (autor), VIII. Mariaca Méndez, Ramón (autor)

Primera edición, 2017

www.ecosur.mx
El Colegio de la Frontera Sur
Carretera Panamericana y Periférico Sur s/n
Barrio de María Auxiliadora, C.P. 29290,
San Cristóbal de Las Casas, Chiapas.

Fotografía de portada: *Mycena* sp.
Fotografías de Felipe Ruan Soto
Diseño editorial: Marisa Ordaz Velázquez y Eduardo Ordaz Velázquez

El contenido de esta obra fue dictaminado de manera aprobatoria mediante arbitraje llevado a cabo por los pares Dra. Silvia Cappello García y Dr. José Ernesto Sánchez Vázquez.

Esta publicación ha sido posible gracias al apoyo de la Comisión Nacional de Áreas Naturales Protegidas a través del Área de Protección de Flora y Fauna de Nahá y de Metzabok y fue financiada por la Red Temática sobre el Patrimonio Biocultural del CONACYT, la Consultoría Yaxal Na S.C., la Sociedad Mexicana de Micología y el Grupo Interdisciplinario para el Desarrollo de la Etnomicología en México.

Hecho e Impreso en México

Esta obra está dedicada al Dr. Gastón Guzmán Huerta, pilar de la micología y la etnomicología mexicana. Los maestros no se van nunca, se quedan con nosotros en cada enseñanza, en cada consejo, en cada recuerdo.

Para todos los campesinos y campesinas que son el alma y el cuerpo de nuestra nación, a todos y todas los que no dejan que nuestras tradiciones y nuestra herencia biocultural muera de olvido.

Agradecimientos

El presente trabajo fue posible gracias al esfuerzo de muchas personas e instituciones. En primer lugar queremos agradecer a la Comisión Nacional de Áreas Naturales Protegidas y al Área de Protección de Flora y Fauna de Nahá el apoyo para esta investigación a través del proyecto “Estudio Técnico sobre Hongos Macroscópicos del Área de Protección de Flora y Fauna Nahá, Chiapas, México”. Asimismo se agradece a las autoridades tradicionales lacandonas por los permisos otorgados para la realización de este trabajo. Se agradece de manera particular al M. en C. José Hernández Nava, M. en C. Sergio Montes Quintero, José Feliciano Domínguez Hernández y Miguel García Cruz de la CONANP. A Kin García, Doña Mari, Don Nuxi, Doña Adriana y Víctor “el chavo” Joaquín, Bor y Dalia, y especialmente Kin Jesús Segundo y Mariana de Nahá. También se agradece el trabajo de compañeros de la Consultoría Yaxal Na S.C. A Carlos Andrés Pérez Vargas, a Agustín López Girón. Se agradece a Erika Cecilia Pérez Ovando el apoyo en el trabajo de campo. Se agradece especialmente al Sr. Ernesto J. Zúñiga sus comentarios para mejorar el trabajo editorial. Por último esta obra no hubiera sido posible sin el apoyo de la Red temática de CONACYT sobre el Patrimonio Biocultural, la Sociedad Mexicana de Micología y el Grupo Interdisciplinario para el Desarrollo de la Etnomicología en México A.C.

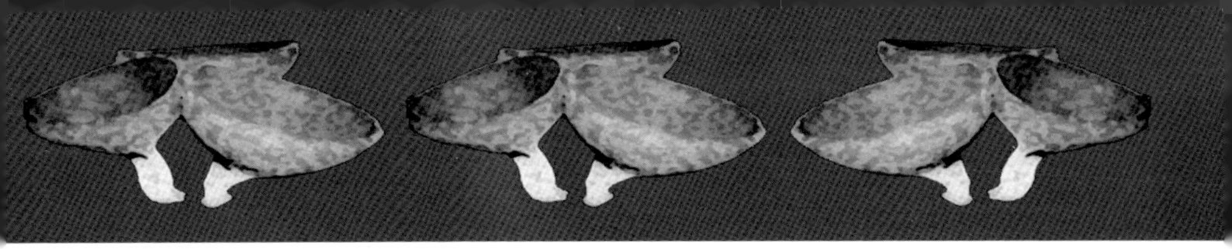

Contenido

Contenido

Presentación

Los hongos son los marginados de los seres vivos, Chiapas es la región más marginada de México y los pueblos originarios son los más marginados de la Humanidad. Claro, en las prioridades biológicas del conocimiento, en las prioridades de desarrollo de la nación y en las prioridades de los procesos culturales globales de la modernidad como proyecto de civilización.

Pero, ¿cómo entender la vida sin los hongos? ¿cómo comprender nuestra Humanidad sin entender, verdaderamente, los sentidos, valores y dimensiones vitales de los hongos en la cultura y sobrevivencia de los pueblos y naciones del mundo?

En este escenario, esta guía constituye una obra única. La crisis ambiental planetaria puesta en evidencia por el cambio climático global antrópico y sus expresiones locales nos da luz sobre la necesidad de nuevas realidades, imaginarios y horizontes para construir Humanidad y Civilización con la Vida. Y esa luz para recrearnos y trascender la crisis está, precisamente, en los márgenes.

Su mayor aporte es integrar estos tres aparentes fragmentos inconexos de marginalidad. En la crisis planetaria emerge la urgencia de transformar nuestros sistemas y modelos de producción, de intercambio, de organización social y de aspiración cultural; nuestras identidades y utopías modernas de progreso y bienestar; nuestras nociones de comunidad y territorio, en la comprensión profunda de nuestra inscripción y pertenencia a la Vida dentro de procesos bioculturales globalocales, tejidos en el tiempo, en cada región del planeta habitada por comunidades humanas. La invaluable diversidad biocultural que la aspiración unívoca del proyecto moderno busca someter, atesora la única posibilidad de construir civilización con la Tierra.

Así, esta pequeña obra colectiva es muestra viva de diálogo intercultural; es una puerta luminosa que, al leerla, nos aclara el pensamiento, fortalece nuestro espíritu; da horizonte a nuestras acciones y propuestas, al descubrirnos el universo tropical en el que los lacandones de Nahá y Metzabok abrazan la Vida y se reconocen en Ella. Pero lo más significativo es que nos conduce a pensarnos diferente, a reconocernos en ese universo, a observar las ausencias vitales en nuestra existencia moderna, solo recuperables con la Tierra en la conciencia y práctica social y cultural del pertenecer a la Vida.

Entonces, cuando en esta obra descubramos el valor medicinal, alimenticio y espiritual de los hongos para los lacandones de este rincón del mundo, no estaremos sólo comunicando su saber etnobiológico; estaremos observando y tomando conciencia de que es real, demostrable y viable vivir de modo sustentable en el respeto a la vida, en territorios también reales y concretos y, así, ejercer sistemas de producción, de organización social, de cultura y de conocimiento que den dignidad y sustentabilidad a los pueblos y su territorio.

Solo si liberamos nuestros sentidos y nuestra razón de todo pensamiento colonial y logramos, leer y comprender los verdaderos significados de la palabra que se presenta ante nuestros ojos, nuestras mentes y nuestros corazones, podremos encontrar toda la riqueza de esta Guía que nos ofrece para recrearnos en el pertenecer a la vida y, así, construir sociedad y cultura donde el saber y el conocer originarios no sean marginales; para construir ciencia donde dialoguen las epistemologías en interculturalidad solidaria y enfáticamente comprensiva; ciencia en la que el conocimiento y significación de los hongos nos lleve a la comprensión de la vida y su maravillosa complejidad, sin marginalidades; para imaginar y construir los universos interculturales para imaginar y construir la Humanidad perteneciente a la Vida que necesitamos ser, desde la luminosa fusión de Chiapas, los hongos y los lacandones vivos aquí plasmada.

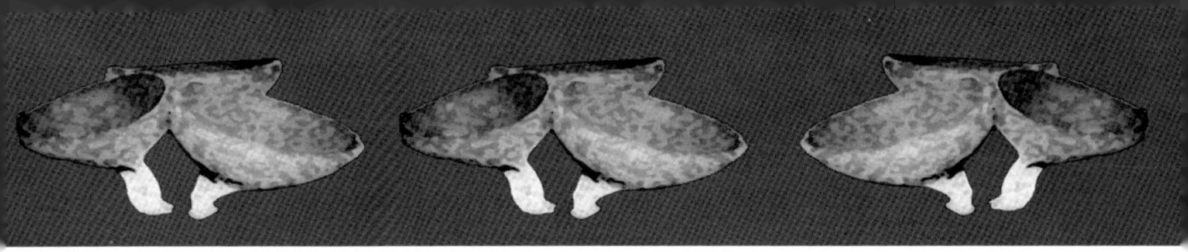

Introducción

Los hongos son organismos con características tan especiales que es necesario clasificarlos en un reino aparte. Es posible encontrarlos tanto en ambientes acuáticos como terrestres, e interactuando con animales, plantas o inclusive otros hongos. De manera muy general, su papel en la naturaleza es el de descomponer materia orgánica permitiendo el reciclaje de nutrientes, además de ayudar al crecimiento de las plantas por medio de asociaciones micorrizógenas. Aunque es conocida la relación negativa que algunas especies de hongos tienen con el humano por producir enfermedades, degradar materiales útiles o producir intoxicaciones en quien ingiere especies tóxicas; también son responsables de múltiples beneficios: los hongos comestibles son una rica fuente alimenticia, ya que contienen una alta proporción de proteínas, vitaminas y minerales. Algunos otros presentan propiedades medicinales, mientras que otras especies se utilizan como artículos decorativos, cosméticos, alimento para ganado o juguetes, por mencionar algunos usos.

México es un país con una gran diversidad de hongos. Se estima que deben existir entre 90 000 y 110 000 especies en todo el país (Aguirre-Acosta *et al.*, 2014), sin embargo este número podría elevarse hasta 200 000 especies (Guzmán, 1998). Esta diversidad se puede encontrar en prácticamente todos los biomas: selvas altas, selvas medianas, selvas bajas, bosques de pino, bosques de encino, bosques mesófilos y manglares, por mencionar algunos. Sin embargo, actualmente sólo se han estudiado alrededor de 6 500 especies, es decir, alrededor del 3% del total (Aguirre-Acosta *et al.*, 2014). En el caso de los hongos macroscópicos, éstos solamente representan el 10% del total de la diversidad (Hawksworth, 1991), por lo que podríamos decir que este grupo debe estar representado por al menos unas 9 000 especies en todo el territorio nacional.

Chiapas es uno de los estados más biodiversos del país. La diversidad fúngica se estima alrededor de 49,000 especies (Ruan Soto *et al.*, 2013), de las cuales aproximadamente 5,000 corresponden a hongos macroscópicos. Hablando concretamente de la diversidad fúngica tropical, según algunos autores, esta equivale a una tercera parte de la diversidad global estimada; es decir, por cada tres especies que aparecen en zonas templadas, existe una en zonas tropicales (Müller *et al.*, 2007). De tal modo, podremos estimar que en las selvas chiapanecas esta diversidad se encuentra cerca de las 150 000 especies de hongos, de las cuales aproximadamente 15 000 son macromicetos. Pese a esta gran diversidad, solamente se han reportado alrededor de 900 especies, es decir, menos del 2 % del total estimado. La falta de personas que estudien hongos y la falta de literatura especializada, son factores que han ocasionado falta de conocimiento de la micobiota (Andrade y Sánchez, 2005). Esto ha generado fuertes problemas en distintos rubros: la ausencia de información al respecto de los hongos ha generado malas decisiones o incluso omisión con respecto a este importante grupo de organismos en los planes de manejo de diferentes áreas naturales protegidas. Además de esto, la falta de literatura especializada hace difícil estudiar la micobiota de diferentes regiones, particularmente en las tierras bajas tropicales, generándose un círculo vicioso.

Por otro lado, en Chiapas los hongos son un elemento que se encuentra inserto en las tradiciones de diferentes grupos rurales, tanto indígenas como mestizos. Esta diversidad fue incorporada en sus estrategias de subsistencia y en su bagaje de conocimientos ecológicos locales. A lo largo de su historia, los diferentes pueblos que habitan este estado han aprendido acerca de las propiedades que tienen las diferentes especies de hongos. Estos grupos humanos también han desarrollado conocimientos sobre diversos aspectos de las especies que utilizan. Pese a esta gran riqueza cognitiva resguardada hasta la fecha por los diferentes pueblos rurales en Chiapas, estos conocimientos con el tiempo y con el avance de otros modos de vida modernos van cayendo en el olvido sin encontrar los canales adecuados para seguir transmitiéndose hacia las futuras generaciones. Actualmente en el estado se reconoce el consumo de al menos 60 especies de hongos comestibles y alrededor de 130 especies que tienen alguna importancia cultural para los distintos pueblos chiapanecos (Ruan-Soto y García-Santiago, 2013).

Teniendo en cuenta esta problemática, la presente guía de hongos pretende ser una contribución al conocimiento de la micobiota en el extremo norte de la Selva Lacandona, área tan extensa y tan poco conocida en términos micológicos. En este texto se podrá encontrar una muestra de los cientos de especies que se estima existen en esta porción de la Selva Lacandona con fotografías y descripciones, los cuales podrán ayudar a los estudiosos de los hongos a reconocerlas a partir de sus características tanto macroscópicas como microscópicas. Sin embargo esta guía no se pensó solamente como un compendio de información de micología académica. Además se documentan algunos aspectos de la micología lacandona a través de ciertas notas etnomicológicas plasmadas a lo largo de las páginas. Con esto pretendemos mostrar el rico conocimiento micológico lacandón que existe en la memoria colectiva de este pueblo contribuyendo a su reconocimiento como una forma alternativa de entender la micobiota y por supuesto, a su revitalización.

Esperamos que esta guía constituya un recurso útil para tomadores de decisiones del Área de Protección de Flora y Fauna de Naha y de Metzabok, guardaparques, investigadores, estudiantes, así como para la misma comunidad lacandona de Nahá y Metzabok, guardianes de este patrimonio biocultural.

Biología, ecología y diversidad de los hongos macroscópicos

De manera natural los seres humanos reconocemos y tratamos de ordenar los elementos que nos rodean. Tradicionalmente, hemos clasificado a los organismos por sus características más notorias, como su capacidad motora, su actividad o su morfología. En este sentido, durante un lapso considerable de la historia de la humanidad, los seres vivos se agrupaban en dos grandes reinos: el animal y el vegetal (Ingold y Hudson 1993; Franco-Molano *et al.*, 2005). Con la invención del microscopio, los científicos pudieron observar las células de diversos organismos y se percataron de las diferencias que tenían las células de los hongos. Pese a que investigadores como Micheli, Fries, Persoon, entre otros, realizaron estudios con este grupo en particular durante los siglos XVIII y XIX, no fue sino hasta mediados del siglo XX cuando se reconoció a los hongos como un reino aparte (Whittaker, 1969; Moore-Landecker, 1996).

Los hongos son un grupo particular, el cual a pesar de presentar similitudes tanto con las plantas (inmovilidad, presencia de una pared celular) como con los animales (ser heterótrofo y poseer quitina en su pared celular), se diferencian por su comportamiento y su estructura celular (Deacon, 1997; Franco-Molano *et al.*, 2005).

Definir a un hongo no es tarea fácil. Lo hongos son organismos eucariontes, con núcleos y organelos rodeados de una membrana. Sus células se encuentran rodeadas de una pared rígida de quitina. Son heterótrofos y utilizan fuentes de carbono orgánico producidos por otros organismos. Se nutren por absorción, secretando enzimas de digestión externa para degradar el material extracelularmente y posteriormente asimilarlo a través de osmosis u otros mecanismos de transporte especializados (Moore-Landecker, 1996; Alexopoulos *et al.*, 1996). Su cuerpo puede estar constituido por una sola célula, como es el caso de las levaduras, o por filamentos multinucleados rodeados de una pared rígida llamadas hifas. La hifa se considera como la unidad estructural básica de la mayoría de los hongos. El conjunto de hifas constituyen el micelio o cuerpo del hongo. Los hongos son capaces de reproducirse tanto de forma asexual como sexual, desarrollando estructuras particulares en cada caso, e incluso presentan una forma de reproducción particular denominada parasexual. Para la reproducción sexual, estos organismos forman estructuras especializadas llamados esporomas, donde se producen una gran cantidad de esporas, capaces de dispersarse y dar origen a un nuevo organismo. Algunos grupos de hongos, como los basidiomicetos y los ascomicetos, producen esporomas de gran tamaño que se pueden ver a simple vista a los que se le llama comúnmente cuerpos fructíferos (Moore-Landecker, 1996; Alexopoulos *et al.*, 1996; Franco-Molano *et al.*, 2005).

El papel que tienen los hongos en la naturaleza es sumamente importante y complejo, en principio debido a que son el segundo grupo con más especies sobre la Tierra después de los insectos. Muchos de los hongos son saprótrofos, es decir, se alimentan de materia orgánica. Por esta razón se les considera (en conjunto con las bacterias) como los principales descomponedores de materia orgánica, permitiendo el reciclaje de nutrientes y en consecuencia el restablecimiento de los niveles de los mismos en los suelos. Los hongos también forman asociaciones simbióticas llamadas micorrizas con la mayoría de las plantas, ayudándolas a desarrollarse de manera óptima a cambio de alimento. Adicionalmente forman asociaciones con diversas algas formando líquenes, los cuales pueden colonizar nuevos territorios donde la ausencia de suelo sea una limitante. Asimismo, los esporomas y el propio micelio son una fuente importante de alimento para muchos animales como insectos y mamíferos. Por otro lado también tienen interacciones perjudiciales para muchas plantas y animales causando enfermedades cuando presentan una relación parasitaria con estos organismos (Garibay-Orijel y García-Medrano, 2006).

Los hongos son considerados uno de los grupos de organismos más ampliamente distribuidos, de mayor variedad de formas y, por supuesto, uno de los más numerosos en cuanto a especies se refiere. En el mundo se estima que existen alrededor de 1 500 000 especies de hongos (Hawksworth, 1991), lo cual ubica a estos organismos sólo por debajo de los insectos. Sin embargo, del total de especies estimadas, solamente se han descrito alrededor de 72 000, esto es menos del 5% (Hawsworth, 1991). Aunado a esto, el ritmo de nuevos descubrimientos es lento: cada año se descubren alrededor de 500 nuevas especies para la ciencia (Valenzuela *et al.*, 2006).

Tanto en México como en el mundo, dicho conocimiento además de bajo es heterogéneo, ya que en general se encuentran mucho más estudiadas las zonas templadas septentrionales. No obstante, hasta 75% de las especies fúngicas se podrían encontrar en los trópicos en opinión de diferentes autores; aún no se tiene una aproximación clara de cuantas especies existen en las zonas tropicales debido a que su estudio se encuentra todavía en una fase pionera (Hawksworth, 1992; Guzmán, 1998). Ejemplo de esto son los estudios de Corner en Malasia y Lodge en Puerto Rico donde el 66% y el 25% de las especies encontradas respectivamente son nuevos registros para la ciencia (Hawksworth, 1992).

Los conocimientos micológicos locales y la etnomicología

El 13 de Mayo de 1957, Robert Gordon Wasson, periodista norteamericano, y su esposa Valentina Pavlovna, médica rusa, publicaron en su libro *Mushrooms Russia & History* la primera definición de etnomicología, iniciando de manera formal el estudio de las interacciones entre los hongos y las sociedades humanas. En la actualidad la etnomicología es concebida como una área de la etnobiología que se encarga de "*... estudiar el saber tradicional y las manifestaciones e implicaciones culturales y/o ambientales que se derivan de las relaciones establecidas entre los hongos y el hombre a través del tiempo y el espacio*" (Moreno-Fuentes *et al.*, 2001). En este sentido, la etnomicología busca entender cómo hombres y mujeres conciben a los hongos, cómo y qué especies nombran y clasifican, los conocimientos tradicionales de su biología y su ecología, los usos y prácticas en que están involucrados y, sobre todo, el papel que juegan en su cosmovisión (Ruan-Soto y Ordaz-Velázquez, 2015).

Aunque la etnomicología es una disciplina relativamente reciente, hasta la fecha se han realizado un número importante de trabajos a lo largo y ancho de todo el país. Se han documentado diferentes usos que la gente hace de los hongos y diferentes prácticas de aprovechamiento que incluyen la recolección, propagación y comercialización, así como un cúmulo amplio de conocimientos etnoecológicos y otros aspectos cognitivos referentes a la taxonomía y sistemática que cada pueblo construye al respecto de sus bienes fúngicos.

En el caso particular de Chiapas, existen alrededor de 25 trabajos etnomicológicos desarrollados con distintos pueblos rurales e incluso urbanos del estado. Particularmente en la selva lacandona, al menos cinco estudios han documentado el conocimiento que existe de los hongos entre grupos tseltales, choles, mestizos y lacandones. En estos trabajos se han documentado patrones interesantes y contrastantes con lo ocurrido en zonas templadas del estado y el país. En las selvas húmedas del estado, el promedio de especies comestibles es alrededor de 10, siendo las especies preferidas *Schizophyllum commune, Pleurotus djamor, Auricularia delicata, A. nigricans* y *Favolus tenuiculus*. Todas estas especies coinciden en el sustrato lignícola en el cual se desarrollan, su tamaño pequeño y consistencia correosa, comparadas con las especies micorrizógenas de mayor importancia en tierras altas (Ruan-Soto y García Santiago, 2013).

El Área de Protección de Flora y Fauna de Nahá y Metzabok

Ubicación

Tanto Nahá como Metzabok se encuentran ubicadas al sureste de México, en la parte noroeste de la Selva Lacandona, en el municipio de Ocosingo. Ambas cuentan con un decreto oficial de protección desde diciembre de 1998 (Nucamendi, 2006). Nahá cuenta con una superficie de 3 847 ha y se ubica entre los 16°56'41" y los 17°00'42" de latitud norte y entre los 91°32'52" de longitud oeste; colinda al norte con el ejido El Lacandón, al sur con el ejido Villa las Rosas, al este con el ejido El Jardín y al oeste con el ejido Ignacio Zaragoza. Metzabok cuenta con una superficie de 3 368 ha y se localiza entre los 17°08'36" y 17°04'53" de latitud norte y entre los 91°34'42" y 91°40'09" de longitud oeste; colinda al norte con el ejido Cristóbal Colón, al sur con el ejido Agua Dulce Tehuacán, al este con el ejido Damasco y al oeste con el ejido El Tumbo (CONANP, 2006a; CONANP, 2006b) (Figura 1).

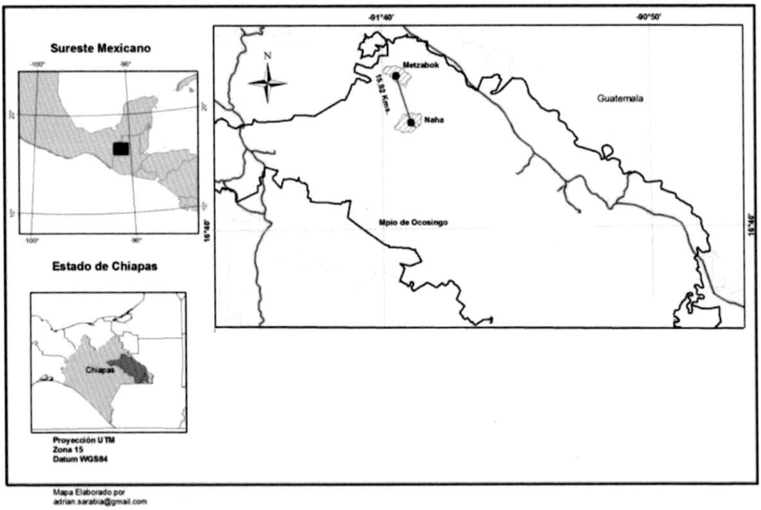

Figura 1. Ubicación de las Áreas de Protección de Flora y Fauna de Naha y Metzabok, Ocosingo, Chiapas, México.

Geología y fisiografía

Naha y Metzabok se encuentran dentro de la región natural de montañas marginales del norte y oriente. El área se caracteriza por su configuración de montañas, valles y cañadas con orientación de noreste a sureste, que van descendiendo paulatinamente desde los 1400 hasta los 100 msnm en los márgenes del río Usumacinta. Nahá está formada por serranías bajas, con elevaciones que alcanzan de 800 a 1200 m s.n.m., geoformas incluidas en lo que ha sido identificado como serranías y terrazas antiguas (CONANP, 2006a). Metzabok se caracteriza por la presencia de sierras calcáreas clásticas que comprende un gradiente altitudinal que va desde los 580 hasta los 800 msnm (CONANP, 2006b). En ambas zonas predominan las formaciones del Cretácico superior, esencialmente de piedras calizas, arenisca calcárea y margas; materiales sedimentarios de naturaleza alcalina (Durán, 1999; Nucamendi, 2006; Cano-Contreras, 2007). En cuanto a los suelos podemos encontrar redzinas, que son los de mayor distribución, luvisoles crómicos, gleysoles mólicos, vertisoles, cambisoles y litosoles calcáreos. En general son suelos poco desarrollados que no sobrepasan los 50 cm de espesor, generalmente arcillosos. Su fertilidad es relativamente baja, se encuentra asociada con la cantidad de materia orgánica y sobretodo con el proceso de lixiviación, que en general presentan los suelos tropicales (Durán, 1999).

Hidrología

Tanto Nahá como Metzabok se encuentran en una zona que pertenece a la región hidrológica Grijalva-Usumacinta, en la cuenca del Usumacinta, subcuenca tributaria Lacanjá y subcuenca Lacantún. Naha está ubicada dentro de un amplio sistema lacustre que se encuentra integrado por nueve lagunas, dos de las cuales tienen dimensiones considerables, la laguna Nahá con una superficie de 52.26 Ha y la laguna Ocotalito con 7.41 ha Por su parte el sistema lacustre de Metzabok está conformado por 21 lagos de dimensiones variables de los cuales los más importantes por su tamaño son *T'zi BaNa* (173.9 ha) y Metzabok (86.2 ha) (CONANP, 2006 a; CONANP, 2006b)

Clima

Según la clasificación climática de Köppen, en Nahá y Metzabok prevalece el clima cálido húmedo (Am) con lluvias abundantes en verano y parte del otoño, y una temporada relativamente seca (generalmente marzo y abril, aunque puede prolongarse hasta mayo). La temperatura promedio anual es de 23.6°C, con una oscilación térmica de 5.6°C, siendo el mes más frío enero con una temperatura promedio de 20.9°C y los meses más cálidos mayo y junio con un promedio mensual de 25.6°C. Los siguientes aspectos climatológicos son importantes en la región: 1) El efecto de los vientos Alisios sobre la precipitación. 2) La ocurrencia de los nortes, responsables de la precipitación invernal. 3) La presencia y duración de la canícula o sequía intraestival (Durán, 1999). La precipitación promedio anual en la zona es de 1862 mm, presentándose dos temporadas, una de relativa sequía y otra húmeda (Durán, 1999; Nucamendi, 2006).

Vegetación

Miranda (1952) dividió en regiones florísticas el estado de Chiapas, y denominó "llanuras y declives del norte macizo central" a esta región de la Selva Lacandona. La vegetación de esta zona está conformada por selva mediana perennifolia, la cual constituye el tipo de vegetación dominante dada la extensión que cubre. En Nahá también se extiende la selva alta perennifolia, el bosque mesófilo y en los alrededores de las lagunas Ocotalito y Naha se desarrollan poblaciones de pino y encino. Metzabok además contiene bosque espinoso, comunidad dominada casi exclusivamente por palo de tinto denominada tintal (*Haematoxylum campechianum* L.) (CONANP, 2006a; CONANP, 2006b).

Flora

Se calcula que la Selva Lacandona podría alojar 4 314 especies de plantas. De ser así, dicha región poseería el 43.1% de la flora de Chiapas y el 18.9% de la flora de México, compuesta por 22,800 especies de plantas vasculares (Durán, 1999). La flora de Chiapas pertenece en su mayoría a dos grandes regiones florísticas: la Arctoterciaria y la Neotropical (Durán, 1999). En Nahá y Metzabok el listado de flora regional incluye a 779 especies de plantas vasculares, de las cuales las más representativas por tipo de vegetación son: *Manilkara achras*, *Terminalia amazonia*, *Coccoloba hondurensis*, *Talauma mexicana*, *Swietenia macrophylla*, *Brosimum alicastrum* para la selvas; *Oecopetalum mexicanum*, *Podocarpus matudai*, *Calatola laevigata*, *Billia colombiana*, *Quercus corrugata* y *Q. skinneri* para los bosques mesófilos; *Pinus tenuifolia*, *Litsea glaucescens* y *Oreopanax* sp. para los bosques de coníferas. En Metzabok se tiene además bosques inundables dominados casi exclusivamente por *Haematoxylon campechianum* (CONANP, 2006a; CONANP, 2006b).

Fauna

Nahá cuenta con 16 especies de reptiles y anfibios, 240 especies de aves, 44 de mamíferos, siete especies de peces nativas y dos exóticas (Nucamendi, 2006; CONANP, 2006). Metzabok cuenta con 36 especies de mamíferos, 145 especies de aves, 19 especies de anfibios y reptiles y 11 especies de peces (CONANP, 2006a; CONANP, 2006b). Autores tales como, Nations y Nigh (1980) señalan que los lacandones aprovechan alrededor de 80 especies de animales silvestres, principalmente como complemento en su alimentación.

Funga

En los planes de manejo de ambas reservas no existe registro de ninguna especie de hongo. Domínguez (2011) cita un total de 81 especies de macromicetos para Naha. Sin embargo, por el número de plantas reportadas para esta región, se podría pensar que el número de especies de hongos pudiera llegar a 4 600 especies y el número de hongos macroscópicos quizá a 500 especies.

Las comunidades lacandonas de Nahá y Metzabok

Aproximadamente entre 300 y 900 D.C. la civilización maya fue la primera y más importante sociedad de Mesoamérica. Dicha civilización desarrolló una cultura que se extendió sobre un territorio de 325,000 km^2, abarcando la selva Lacandona y la península de Yucatán en México, zonas de selvas entre montañas y tierras bajas que ocupan todo Belice, Honduras y las tierras de El Petén en Guatemala (Cano-Conteras, 2007).

Como consecuencia de las numerosas incursiones y deportaciones llevadas a cabo por los españoles y de la mortandad por epidemias entre la población indígena, la región Lacandona quedó casi despoblada. Sin embargo, desde fines del siglo XVI hasta principios del XVIII se realizaron varias colonizaciones con indígenas provenientes de la península de Yucatán y Guatemala. Algunos de estos grupos también fueron reubicados en poblados fuera de la región, pero otros lograron establecerse en la selva y permanecer aislados y escapando durante varios siglos al control del gobierno de Chiapas. A estos nuevos habitantes que poblaron la selva en la parte norte a partir del siglo XVII y en el sur desde el siglo XVIII (territorio que perteneció antes a los choltís) se les llamó lacandones (De Vos, 1980).

Dichos indígenas provenientes de El Petén guatemalteco y península de Yucatán, todos hablantes del maya-yucateco, son los ancestros de los actuales lacandones. De Vos señala que tiene registros confiables de contactos con estos grupos en 1697 en un paraje llamado Yucum, en 1708 en un lugar llamado Petenacté y en 1789 en un pueblo cristiano llamado San José de García Real, cerca de Palenque. Éste último más tarde se desintegró y sus habitantes nuevamente se internaron en la selva; con ello, el autor concluye que sin duda alguna los indígenas de Yacum, Petenacté y los encontrados en las proximidades de Palenque, son los ancestros de los lacandones actuales (De Vos, 1980; Nations y Nigh, 1980).

A partir de la década de los 1970, la región Lacandona presentó fuertes cambios con una marcada tendencia a la reducción de las áreas selváticas, debido a las actividades de las compañías madereras basadas en la explotación de maderas preciosas, la expansión de la ganadería bovina comercial, el proceso de colonización con emigrantes de las zonas altas del estado y de otros estados, la expansión de las vías de comunicación y la expansión de nuevos yacimientos de petróleo y la implementación de proyectos para el desarrollo pecuario por parte del estado.

Actualmente los lacandones se asientan en cuatro poblados: en el norte Nahá y Metzabok, en el sur, Lacanjá-Chansayab y Bethel. El número de habitantes en las cuatro comunidades no rebasa las 1000 personas (Erosa, 2006). En Naha la cifra debe estar alrededor de las 250 personas y en Metzabok es menor a 100 habitantes (Cano-Contreras, 2007).

Aunque la lengua tradicional es maya lacandón, en la actualidad el español es la segunda lengua debido a la necesidad de establecer comunicación con agentes externos a las comunidades. Recientemente los jóvenes lacandones han adoptado la práctica de buscar esposa en las comunidades tseltales cercanas. Este hecho ha aportado una nueva dinámica lingüística a la comunidad, en la que actualmente existen niños y jóvenes hablantes de tres lenguas: español, lacandón y tseltal. Sin embargo, el idioma que predomina en las relaciones interétnicas dentro de estas familias tseltales-lacandonas es el maya lacandón.

En la comunidad Lacandona de Nahá y Metzabok, las principales actividades productivas tradicionalmente fueron la agricultura de subsistencia, la pesca y la cacería de autoconsumo (Marion, 1999). En fechas recientes, ambas comunidades se encuentran inmersas en las Áreas de Protección de Flora y Fauna de Nahá y de Metzabok. El fuerte impacto que han tenido las políticas conservacionistas, así como los muy diversos apoyos económicos por parte del gobierno federal, estatal y otras instituciones nacionales y extranjeras, han producido que estas actividades productivas hayan sido sustituidas paulatinamente por actividades ecoturísticas y comerciales, principalmente la elaboración y venta de artesanías.

Etnobiología y Etnomicología lacandona

Los lacandones son quizá uno de los grupos originarios con los que se han realizado un mayor número de investigaciones al respecto del manejo y utilización de sus bienes naturales (Contreras y Mariaca, 2016). Diferentes autores han realizado estudios que dan cuenta del uso y manejo que han hecho los lacandones de las distintas especies de plantas y animales como comestibles y medicinales (Nations y Nigh, 1980; Kashanipour y McGee, 2004; Cook, 2016), las tecnologías utilizadas para el manejo de sus ecosistemas (Marion, 1999); el uso de ciertas especies de plantas en las dinámicas de aprovechamiento y descanso de las parcelas (Levy-Tacher *et al.*, 2002); e inclusive análisis integrales del conocimiento sobre el manejo de los recursos naturales (Contreras y Mariaca, 2016).

Pese a la intensidad con la que se han realizado estudios etnobiológicos con los lacandones, los hongos macroscópicos son elementos que pasaron inadvertidos por muchos años. Quizá los primeros registros son los de March (1998) quien señaló el uso de tres especies de hongos: el *kayoch*, el *xikin* y el *much*, todos ellos especies comestibles pero que no se identificaron taxonómicamente.

A partir de este estudio, se han realizado tres investigaciones etnomicológicas que han dado cuenta del conocimiento, el uso, el manejo y el lugar que tienen los hongos en la cosmovisión de los lacandones. Ruan-Soto *et al.* (2007; 2009) realizaron una investigación en Lacanjá Chansayab donde se documentaron aspectos cognitivos relacionados con la sistemática tradicional, los conocimientos etnoecológicos, diferentes narrativas y mitos de origen de los lacandones al respecto de los hongos, así como las diferentes especies útiles y su aprovechamiento. Posteriormente, tanto Domínguez (2011) como Ruan-Soto (2014), realizan estudios etnomicológicos con lacandones de Nahá donde exploran de nueva cuenta diferentes aspectos de la micología lacandona. Asimismo, en otros trabajos etnobiológicos también se documentan algunas especies aprovechadas, principalmente comestibles (Contreras y Mariaca, 2016; Cook, 2016).

Actualmente, gracias a este esfuerzo, se han logrado caracterizar diferentes aspectos de la relación de los lacandones con los hongos macroscópicos.

Para los lacandones, *Hacha'kyum*, el Dios creador principal, creó todo en el mundo: las montañas, los ríos, las aves, los peces, la selva; todo lo necesario para que los *Hach winik* (verdadero hombre Lacandón) puedan vivir. En estas narrativas los lacandones cuentan que cuando *Hacha'kyum* se sentó a descansar, comió unos brotes que salían del tronco que usó de asiento. Los pedazos que se le cayeron sobre los troncos dieron origen a los hongos llamados *kuxum che'* u hongos de los palos, en tanto que los pedazos que cayeron sobre el suelo dieron origen a los *kuxum lu'um* u hongos de la tierra. Los *Hach winik* quienes observaban este acontecimiento tuvieron antojo de comer estos manjares que saboreaba su padre creador. Sin embargo *Hacha'kyum* les dijo que esos hongos no los podían comer porque eran la comida de los dioses, sin embrago les purificaría algunos hongos para que los lacandones pudieran recolectar y comer. Así creo el *kayoch*, el *xikin*, el *lo'ro* y otros hongos más para que pudieran disfrutar de estos bienes. Otras variedades de hongos las reservó para que fueran la comida y las herramientas y utensilios de los dioses y que *Kisin*, hermano de *Hacha'kyum*, resguardaría, por ello otros hongos fueron bautizados como *wah kisin* –tortilla del *kisin*– o *p'ook kisin* –sombrero del *kisin*–.

A partir de estos relatos es posible entender un poco de la sistemática lacandona. Existe un término unificador que engloba a todos los hongos que es *Kuxum*, al cual pertenecen no solo los hongos macroscópicos, sino también los hongos microscópicos, el moho y los microrganismos encargados de la pudrición de la materia orgánica. Por debajo de este escalón jerárquico podemos encontrar una siguiente división que separa los *Kuxum che'* de los *kuxum lu'um*, a partir del sustrato sobre el que se desarrollan: residuos leñosos o sobre el suelo. Asimismo, podemos apreciar que la mayoría de los hongos que tienen un uso, principalmente comestible, tiene un nombre propio no analizable, a diferencia de los que no son aprovechados, a los que se les asigna un nombre descriptivo junto con la asociación al dios *Kisin* (por ejemplo *wah kisin*). Esto no quiere decir que no tengan ninguna importancia, sino más bien que no son aprovechados de manera directa por esta asociación que se tiene con elementos relacionados con lo divino y por tanto reservados para esta dimensión.

Por otro lado, a partir de estas investigaciones también podemos apreciar el vasto conocimiento etnoecológico que tienen los lacandones acerca de los espacios en que crecen los hongos, sustratos, así como las relaciones de micofagia con diversas especies animales. Estos conocimientos se ven reflejados en los propios nombres que los lacandones le asignan a las diferentes especies de hongos macroscópicos. Otro aspecto a resaltar es la percepción que existe de que el *kuxum* tiene la capacidad de hacer que se pudra la materia orgánica en la selva (hojas, troncos o ramas). Por ello, los lacandones señalan en sus narrativas que cuando se deja descansar la milpa, toda la materia vegetal que queda en el suelo es rica en nutrimentos y es precisamente el *kuxum* el encargado de pudrir toda esa materia orgánica del nuevo acahual, haciéndolo más productivo cuando se vuelva a utilizar para sembrar (Ruan-Soto *et al.*, 2007).

En estas investigaciones podemos hacer un recuento de cerca de 80 especies de macromicetos que son reconocidos por los lacandones de Lacanja-Chansayab, Nahá y Metzabok, esto es, que sean nombradas en maya lacandón. De estas especies reconocidas, al menos 14 son utilizadas de manera directa, ya sea como comestibles, medicinales o lúdicas (Ruan-Soto *et al.*, 2007; Domínguez, 2011; Ruan-Soto, 2014). Si bien el aprovechamiento de las especies comestibles es una alternativa muy importante en términos de un suplemento alimentario rico en nutrientes y de acceso gratuito, la realidad es que es una práctica que ya no se da de manera muy frecuente entre los lacandones y menos aún entre la población de menor edad.

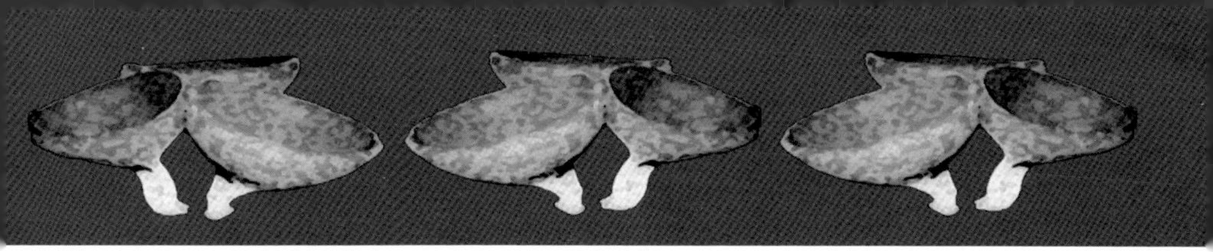

Especies estudiadas

PHYLLUM ASCOMYCOTA
Orden Pezizales
- Familia Sarcoscyphaceae
  - *Cookeina colensoi* (Berk.) Seaver
  - *Cookeina tricholoma* (Mont.) Kuntze
  - *Cookeina venezuelae* (Berk. & M.A. Curtis) Le Gal
  - *Phillipsia domingensis* Berk.

Orden Xylariales
- Familia Xylariaceae
  - *Xylaria fockei* (Miq.) Cooke
  - *Xylaria longipes* var. *tropica* F.S.M. González & J.D. Rogers
  - *Xylaria multiplex* (Kunze) Fr.

PHYLLUM BASIDIOMYCOTA
Orden Agaricales
- Familia Agaricaceae
  - *Lycoperdon perlatum* Pers.

- Familia Clavariaceae
  - *Clavulinopsis aurantiocinnabarina* (Schwein.) Corner
  - *Phaeoclavulina zippelii* (Lév.) Overeem

- Familia Hygrophoraceae
  - *Hygrocybe conica* (Schaeff.) P. Kumm

- Familia Marasmiaceae
  - *Tetrapyrgos nigripes* (Schwein.) E. Horak

- Familia Mycenaceae
  - *Filoboletus gracilis* (Klotzsch ex Berk.) Singer

- Familia Physalacriaceae
  - *Dactylosporina steffenii* (Rick) Dörfelt

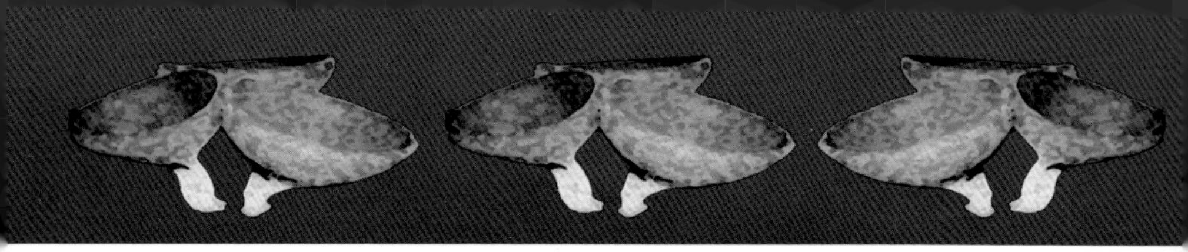

Especies estudiadas

Familia Pleurotaceae

Pleurotus djamor (Rumph. ex Fr.) Boedijn

Familia Schizophyllaceae

Schizophyllum commune Fr.

Orden Auriculariales

Familia Auriculariaceae

Auricularia delicata (Fr.) Henn.
Auricularia fuscosuccinea (Mont.) Henn.
Auricularia nigricans (Sw.) Birkebak, Looney & Sánchez-García

Orden Boletales

Familia Boletaceae

Aureoboletus auriporus (Peck) Pouzar
Boletus pulverulentus f. *pulverulentus* Opat.

Familia Calostomataceae

Calostoma cinnabarinum Corda

Orden Geastrales

Familia Geastraceae

Geastrum saccatum Fr.

Orden Gomphales

Familia Gomphaceae

Phaeoclavulina cokeri (R.H. Petersen) Giachini
Ramaria zippelii (Lév.) Corner

Orden Hymenochaetales

Familia Hymenochaetaceae

Coltricia cinnamomea (Jacq.) Murril
Phellinus gilvus (Schwein.) Pat.

Especies estudiadas

Orden Polyporales

Familia Polyporaceae

Favolus tenuiculus (Beauv) Fr.
Lenzites elegans (Spreng.) Pat.
Pycnoporus sanguineus (L.) Murrill
Hexagonia hydnoides (Sw.) M. Fidalgo
Hexagonia tenuis (Hook.) Fr.
Trametes versicolor (L.) Lloyd

Familia Ganodermataceae

Ganoderma lobatum (Schwein.) G.F. Atk.

Familia *Fomitopsidaceae*

Daedalea quercina (L.) Pers.

Orden Russulales

Familia Russulaceae

Lactarius gpo. *deliciosus* (L.) Gray
Lactarius indigo (Schwein.) Fr.

Orden Tremallales

Familia Tremellaceae

Tremella foliacea Pers.

Orden Ustilaginales

Familia Ustilaginaceae

Ustilago maydis (DC.) Corda

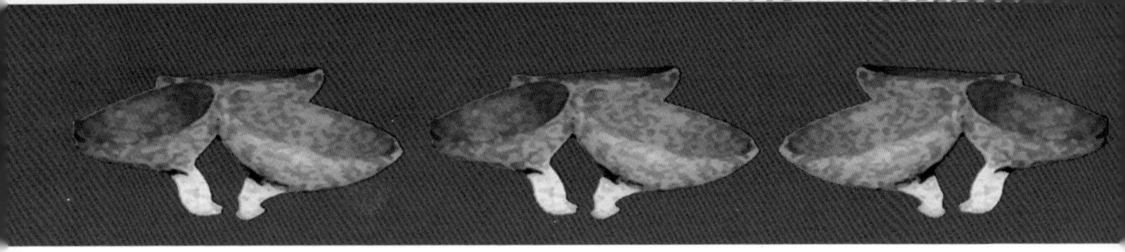

Clasificación Lacandona

Para los lacandones, los hongos se clasifican según el sustrato en el que se encuentran, ya sea sobre el suelo o sobre residuos leñosos o árboles. Otro factor de agrupamiento es el carácter divino de ciertos hongos o su utilidad como alimento. Esta clasificación refleja fuertemente los mitos de origen en la cosmovisión lacandona.

KUXUM

Kuxum che'

(Los utensilios de *Kisin*)

p'ook kisin
wah kisin
baak-el kisin

(Los comestibles)

bay ooch
kayoch
xikin
lo´ro

(Otros)

chäk chaach
leok
toop' che'
chäk wah

Kuxum lu'um

ooch o' och
chäk lu´um
ch´o´ wah
aax
yax much

Descripciones de las especies estudiadas

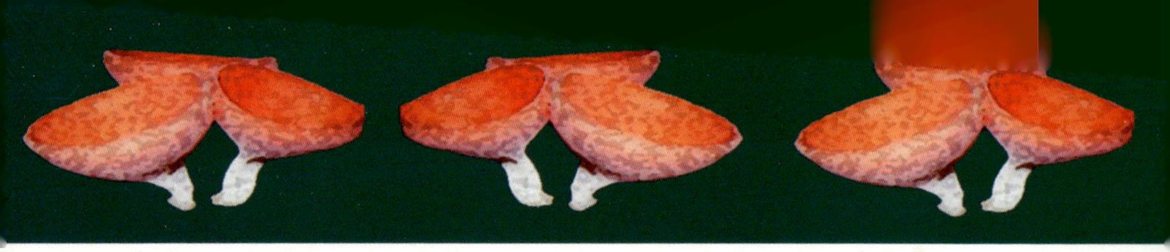

Simbología

Sustratos

- Terrícola
- Lignícola

Hábito

- Micorrizógeno
- Saprobio
- Parásito

Uso

- Comestible
- Medicinal
- Lúdico
- Tintóreo

Vegetación donde se encuentra

- BE — Bosque de Encino
- BMM — Bosque Mesófilo de Montaña
- SMP — Selva mediana perennifolia
- MyA — Milpas y Acahuales

Cookeina colensoi

(Berk.) Seaver

Familia Sarcoscyphaceae
Orden Pezizales

Descripción: *Apotecios* de 10-15 x 5 milímetros; con forma superficial de copa a embudo. *Himenio* cóncavo, liso, color café-naranja o café-amarillo a crema pálido en la madurez; con textura glabra con una capa gelatinosa cuando están frescos, pero rugosos cuando están secos, particularmente en la base de la copa y con estrías concéntricas en el margen externo, el cual presenta tricomas rudimentarios. *Estípites* cortos o sub-estipitados (menores a 1 milímetro) adheridos al sustrato. Microscópicamente presenta paráfisis numerosas y filiformes con ramificaciones y ligeramente agrandadas en el ápice. *Ascas* de 310-475 x 18-20 micrómetros, unitunicadas, operculadas, cilíndricas y gradualmente estrechándose hacia la base. *Ascosporas* de 28-40 x 11-15 micrómetros., uniseriadas, elipsoides a fusoides con una o dos gotas aceitosas desiguales y granulares estriadas con bandas que se extienden todo a lo largo de la espora, lo cual las distingue de las esporas de *C. venezuelae*.

Notas etnomicológicas: Esta especie recibe el nombre de *chäk chaach* o *chäk xikin*, que significa puñados (que sobresalen de la mano) de color rojo u oreja roja. Entre los lacandones, esta especie tiene uso lúdico ya que es común que los niños y niñas soplen dentro del apotecio para ver como salen las esporas. También se pegan la copa al oído para escuchar cómo se liberan las esporas, o en sus palabras, escuchar el mar.

Hábitat: Se puede encontrar sobre troncos y material leñoso en descomposición durante la época de lluvias.

Cookeina tricholoma

(Mont.) Kuntze

Familia Sarcoscyphaceae
Orden Pezizales

Descripción: *Esporoma* de 5-25 milímetros de diámetro en forma de copa. *Himenio* liso de color naranja intenso, más claro en ejemplares maduros. Superficie externa de color naranja, lisa con pelos hasta de 5 milímetros de longitud distribuidos por toda la superficie. *Estípite* de 1-40 x 1 milímetros, central, cilíndrico o aplanado, también con presencia de pelos. *Ascospora* de 23-33 micrómetros, ovaladas inamiloides.

Notas etnomicológicas: Esta especie, al igual que *Cookeina colensoi,* recibe el nombre de *chäk chaach* o *chäk xikin*, que significa puñados (que sobresalen de la mano) de color rojo u oreja roja. Entre los lacandones, esta especie tiene uso lúdico ya que es común que los niños y niñas soplen dentro del apotecio para ver como salen las esporas. También se pegan la copa al oído para escuchar cómo se liberan las esporas, o en sus palabras, escuchar el mar.

Hábitat: Crece sobre troncos y material leñoso en descomposición durante la época de lluvias. Es común observar sus esporomas en las selvas medianas perennifolias de Nahá y Metzabok y en general en todas las selvas húmedas del estado de Chiapas.

Cookeina venezuelae

(Berk. & M.A. Curtis) Le Gal

Familia Sarcoscyphaceae,
Orden Pezizales

Descripción: *Esporoma* con forma de copa, 5-35 milímetros de diámetro. La superficie interna es lisa, de color amarillo, la superficie externa es más clara. El contexto es concoloro a la superficie y de 3-4 milímetros de ancho. *Estípite* reducido o está totalmente ausente. *Ascosporas* de 33-37 x 12-13 micrómetros, alargadas a cilíndricas.

Notas etnomicológicas: Al igual que *C. tricoloma* y *C. colensoi*, este hongo también es llamado *chäk chaach* o *chäk xikin*. Aunque tiene la misma importancia cultural ya que es percibida como el mismo etnotaxón, esta especie no es tan abundante como la otra en términos ecológicos.

Hábitat: Crece sobre troncos y material leñoso en descomposición durante la época de lluvias en las selvas medianas perennifolias de Nahá y Metzabok.

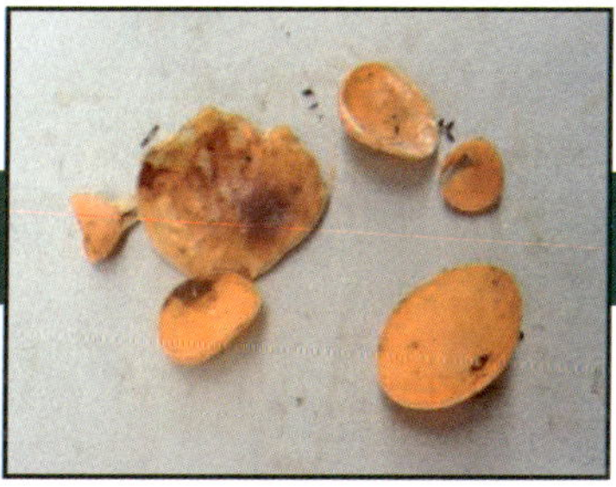

Phillipsia domingensis

Berk.

Familia Sarcoscyphaceae
Orden Pezizales

Descripción: *Ascoma* en forma de disco subcóncavo, con superficie aterciopelada y brillante de color tinto-guinda con tonos violáceos. *Estípite* corto y mal definido, blanquecino. *Esporas* de 26-28 x 12-13 micrómetros, alargadas, ornamentadas por numerosas líneas o estrías longitudinales, de pared gruesa, hialinas.

Notas etnomicológicas: Esta especie es nombrada como *Leok* en maya lacandón. Entre la población lacandona de Nahá y Metzabok, pero sobre todo en Lacanjá Chansayab, se menciona que antiguamente esta especie se utilizaba para teñir fibras naturales. Asimismo, es reconocida la importancia de esta especie como indicador ambiental en selvas altas y selvas medianas (Guzmán-Dávalos y Álvarez, 2014).

Hábitat: Crece sobre troncos y material leñoso en descomposición durante la época de lluvias en la selva mediana perennifolia de Nahá y Metzabok. Es común en las selvas húmedas del país, sobre todo en ecosistemas conservados.

Xylaria fockei

(Miq.) Cooke

Descripción: *Estromas* gregarios cilíndrico-clavados, anaranjado-café a color arcilla en estados jóvenes, ostiolos de los peritecios pequeños y negros, con ápices redondeados. Desprende pigmento naranja con KOH. *Ascosporas* de 18-22 x 5-7 micrómetros con línea germinal oblicua.

Notas etnomicológicas: Esta especie, al igual que otros hongos clavarioides y xylarioides, es llamada localmente en maya lacandón *Baak-el kisin* que significa hueso o esqueleto de *Kisin* (hermano de *Hachäk'yum*, Dios creador de los lacandones). Asimismo, esta especie también tiene utilidad medicinal para ayudar en las labores de parto cuando se administra a las mujeres embarazadas.

Hábitat: Se pueden encontrar sobre troncos o madera en descomposición en la selva mediana perennifolia.

Xylaria longipes var. *tropica*

F.S.M. González & J.D. Rogers

Familia Xylariaceae
Orden Xylariales

Descripción: *Estromas* cilíndricos a clavados con ápices fértiles redondeados. *Estípites* de 32-62 x 3-7 milímetros externamente negruzcos con escamas de color café asociadas a la apariencia resquebrajada. Blanco por dentro, hueco en la madurez. Textura leñosa con arrugas, escamas y papilas ostiolares en la superficie. *Peritecios* de 0.3 a 0.7 mm de diámetro. *Ostiolos* cónicos a hemisféricos con material granuloso en la superficie. *Ascas* octa-esporadas, cilíndricas, estipitadas de 150-170 x 6-7.5 micrómetros, anillo apical cambia a azul con Melzer. *Ascosporas* de color café, unicelulares, elipsoides desiguales a naviculares con terminaciones estrechas, sin ornamentaciones (13) 14-16 x 5-6 micrómetros. Difiere de la variedad tipo por sus estromas huecos, su superficie quebrada y las ascas más cortas.

Notas etnomicológicas: Esta especie, al igual que otros hongos clavarioides y xylarioides son llamados localmente en maya lacandón *Baak-el kisin* que significa hueso o esqueleto de *Kisin* (hermano de *Hachäk'yum*, Dios creador de los lacandones). También es llamada *halal kisin* que significa la flecha del *Kisin*. Su importancia radica en que, según los mitos de origen lacandones, *Hachäk'yum* creó estos hongos para que fueran las herramientas que utilizarían los dioses, particularmente su hermano *Kisin*. Por este vínculo divino, los actuales lacandones deben tenerle respeto a estas especies, que en consecuencia y por lo general, no se aprovechan.

Hábitat: Se pueden encontrar sobre troncos o madera en descomposición en la selva mediana perennifolia.

Xylaria multiplex

(Kunze) Fr.

Familia Xylariaceae
Orden Xylariales

Descripción: *Ascoma* de color negruzco, ramificado en el ápice. Esta especie es de las pocas que presentan un estroma cespitoso, la superficie estromática es rugosa, tiene peritecios casi individuales; el estípite nace de una base panosa. Esporas de 10-11 x 4-5 micrómetros.

Notas etnomicológicas: Esta especie, al igual que otros hongos clavarioides y xylarioides son llamados localmente en maya lacandón *Baak-el kisin* que significa hueso o esqueleto de *Kisin* (hermano de *Hachäk'yum*, Dios creador de los lacandones). También es llamada *halal kisin* que significa la flecha del *Kisin*. Su importancia radica en que, según los mitos de origen lacandones, *Hachäk'yum* creó estos hongos para que fueran las herramientas que utilizarían los dioses, particularmente su hermano *Kisin*. Por este vínculo divino, los actuales lacandones deben tenerle respeto a estas especies, que en consecuencia y por lo general, no se aprovechan.

Hábitat: Se pueden encontrar sobre troncos o madera en descomposición en la selva mediana perennifolia.

Lycoperdon perlatum

Pers.

Familia Agaricaceae
Orden Agaricales

Descripción: *Basidiomas* turbinados de 30-50 milímetros de diámetro. *Exoperidio* con espinas cónicas, 1.5-2 milímetros de longitud, color amarillo pálido, *endoperidio* color café claro. Poro apical lacerado. *Gleba* amarilla-café, subgleba café claro. Capilicio bien desarrollado y esponjoso de 3-4 micrómetros de diámetro, no ramificado, liso, color café pálido a hialino. *Esporas* de 4-5 micrómetros de diámetro, equinuladas, café pálido.

Notas etnomicológicas: Esta especie es nombrada en maya lacandón *ooch o' och*, que significa alimento del tlacuache. Este nombre es reflejo del conocimiento etnoecológico lacandón que reconoce la micofagia de esta especie de marsupial. En otras regiones del estado y del país, esta especie es ampliamente utilizada como medicina para combatir enfermedades y lesiones en la piel (Bautista-González, 2013).

Hábitat: Especie de sustrato terrícola que se encuentra preferentemente en espacios abiertos cubiertos de pastos y en los solares de la comunidad.

Clavulinopsis aurantiocinnabarina

(Schwein.) Corner

Familia Clavariaceae
Orden Agaricales

Descripción: *Basidiomas* de 15-50 x 1-3 milímetros, cilíndricos y sin ramificaciones, ocasionalmente ligeramente torcidos. Color amarillo dorado o naranja claro a naranja rojizo, alternativamente con tonos naranja y naranja-rojizos a la mitad. La base es blanquecina, pruinosa o pulverulenta, con puntas afiladas o no afiladas. *Contexto* firme, moderadamente quebradizo o hueco color naranja rojizo. Sin sabor aparente ni cambios de color con $FeSO_4$ o KOH. *Esporada* blanca. *Basidios* con forma de clavas de 45-62 x 7-9 micrómetros. Cada basidio con cuatro esterigmas de 4-7 micrómetros de largo. *Fíbulas* presentes en hifas y en basidios. *Esporas* globosas a subglobosas con lóbulos diminutos de 5.6-7.1 x 5.2-7.1 micrómetros.

Notas etnomicológicas: Esta especie, al igual que otros hongos clavarioides y xylarioides son llamados localmente en maya lacandón *Baak-el kisin* que significa hueso o esqueleto de *Kisin* (hermano de *Hachäk'yum*, Dios creador de los lacandones). También es llamada *halal kisin* que significa la flecha del *Kisin*. Su importancia radica en que, según los mitos de origen lacandones, *Hachäk'yum* creó estos hongos para que fueran las herramientas que utilizarían los dioses, particularmente su hermano *Kisin*. Por este vínculo divino, los actuales lacandones deben tenerle respeto a estas especies, que en consecuencia y por lo general, no se aprovechan.

Hábitat: Especie micorrizógena de sustrato terrícola que se encuentra en la selva mediana perennifolia.

Hygrocybe conica

(Schaeff.) P. Kumm

Familia Hygrophoraceae
Orden Agaricales

Descripción: *Píleo* de 20-90 milímetros de ancho, cónico, rojo escarlata a naranja, con tonos más naranjas cerca del margen, a menudo con tintes oliváceos, viscoso. *Contexto* delgado, frágil, concoloro al píleo, se pone negro cuando se maltrata. *Láminas* libres, juntas, color blanco amarillento a oliva-amarillo, negras cuando se maltratan, cerosas. *Estípite* de 4-12 x 3-10 milímetros, húmedo no viscoso, torcido, hueco, base color blanco, el resto concoloro al píleo, sin embargo la superficie se ennegrece cuando se manipula o se maltrata. Sin olor apreciable. *Esporas* de 8-12 x 4.5-6.5 micrómetros elípticas, lisas, de paredes delgadas, inamiloides.

Notas etnomicológicas: Estos hongos son llamados en maya lacandón *Chäk lu´um* o *Chäk much*, haciendo referencia en principio al color rojo del hongo (*Chäk* significa rojo) y al sustrato (*lu´um* significa tierra) o al parecido con un hongo comestible (*Much* es el nombre de una especie comestible, del género *Agaricus*). Algunos lacandones también lo llaman *Lu'um t' inen* que significa foco de la tierra, ya que refieren que esta especie es capaz de brillar como un foco en las noches.

Hábitat: Especie terrícola que se puede encontrar en los bosques mesófilos de montaña y en la selva mediana perennifolia, preferentemente en espacios abiertos y/o bordes de caminos.

Tetrapyrgos nigripes

(Schwein.) E. Horak

Familia Marasmiaceae
Orden Agaricales

Descripción: *Píleo* de hasta 20 milímetros de diámetro, convexo a plano-convexo, deprimido centralmente a subinfundibuliforme; superficie glabra, de color blanco a gris verdoso, a veces café en el centro, cambia a gris azuloso al ser maltratado; margen sulcado-estriado, recurvado. *Contexto* de hasta 1 milímetro de grueso, blanco, cambia a negro al ser expuesto o maltratado. De olor y sabor desagradables. *Láminas* de dos longitudes, blancas y separadas. *Estípite* de 15-40 mm de longitud, menos de 1 mm de diámetro cerca del ápice, central o excéntrico, cilíndrico, muy delgado; superficie lisa, finalmente fibrilosa a pruinosa, blanca en el ápice, negra hacia la base. *Basidiosporas* de 6.5-9.5 x 2.5-3.5 micrómetros, tetrahédricas, hialinas, inamiloides.

Notas etnomicológicas: En maya lacandón esta especie es conocida como *toop' che'* que significa flor del árbol.

Hábitat: Se puede encontrar sobre troncos y residuos leñosos en descomposición en la selva mediana perennifolia. Es una especie poco común.

Filoboletus gracilis

(Klotzsch ex Berk.) Singer

Familia Mycenaceae
Orden Agaricales

Descripción: *Píleo* generalmente blanquecino, tornándose rosado acanelado, higrófano, hialino cuando está fresco, 9-30 milímetros de diámetro. *Himenóforo* poroide; poros circulares a poligonales, tubos de 1-3 mm de longitud. *Estípite* de color gris a ocráceo cuando está fresco, más oscuro al secarse, central, 24-70 x 1-3 milímetros. *Basidios* de 25-30 x 6-7 micrómetros. *Basidiosporas* de 6-7 x 5-6 micrómetros, hialinas, lisas, asimétricas, amiloides.

Notas etnomicológicas: En maya lacandón esta especie se conoce como *p'ook kisin*, que significa el sombrero de *Kisin*, hermano de *Hachäk'yum*, el Dios creador de los lacandones. Su importancia radica en que, según los mitos de origen lacandones, *Hachäk'yum* creó estos hongos para que fueran utensilios que utilizarían los dioses, particularmente su hermano *Kisin*. Por este vínculo divino, los actuales lacandones le tienen respeto a estas especies, que en consecuencia y por lo general, no se aprovechan.

Hábitat: Se puede encontrar sobre troncos y residuos leñosos en descomposición en la selva mediana perennifolia. Es una especie poco común.

Dactylosporina steffenii

(Rick) Dörfelt.

Familia Physalacriaceae
Orden Agaricales.

Descripción: *Píleo* de 15 a 85 milímetros de diámetro, convexo, a veces umbonado, tonos café oscuros, surcado en el margen, no presenta estrías por transparencia. *Láminas* de color blanco, anchas, separadas. *Estípite* de 65-170 X 2-20 milímetros, blanco, fibriloso. Sin olor y con sabor suave. *Basidios* de 38-60 X 13-20 micrómetros, tetraesporados. *Esporas* de 15-23.5 X 15-21 micrómetros, con espinas, globosas, hialinas, inamiloides.

Notas etnomicológicas: Esta especie es conocida en maya lacandón como *bay ooch*, que significa bolsa de tlacuache. Es reconocida como comestible. También es consumida entre los lacandones de Lacanjá Chansayab y en otras comunidades de tierras bajas en Chiapas (Ruan-Soto *et al.*, 2007).

Hábitat: Se puede encontrar sobre troncos y residuos leñosos en descomposición en la selva mediana perennifolia.

Pleurotus djamor

(Rumph. ex Fr.) Boedijn

Familia Pleurotaceae
Orden Agaricales

Descripción: *Basidioma* pleurotoide, mediano, superficie del píleo blanco, café, amarillo-olivo, café-olivo, rosa o gris. *Píleo* de consistencia carnosa a moderadamente correosa. *Estípite* excéntrico o lateral cuando está presente. Tejido del estípite dimítico. *Esporada* blanca. *Esporas* de forma cilíndrica, 7-10 x 3-4 micrómetros. Presenta regularmente queilocistidios.

Notas etnomicológicas: Conocido en maya lacandón como *Kayoch,* es una de las especies comestibles más importantes en Nahá y Metzabok. Además es una de las especies comestibles más importantes en todos los trópicos de Mesoamérica y la Amazonía.

Hábitat: Se puede encontrar sobre troncos y residuos leñosos en descomposición; es una especie muy común en la selva mediana perennifolia, bosque mesófilo de montaña e inclusive en otros espacios transformados como acahuales y milpas.

Schizophyllum commune

Fr.

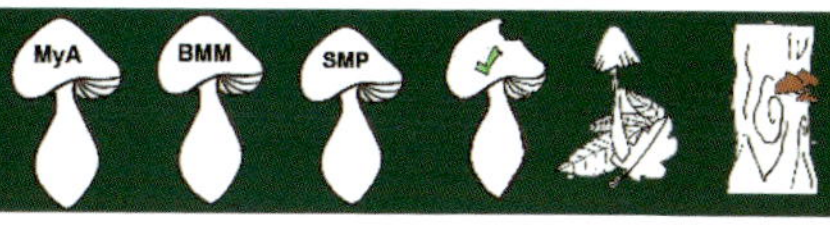

Familia Schizophyllaceae
Orden Agaricales

Descripción: *Basidioma* 10-60 milímetros de ancho, flabeliforme, ligeramente concéntrico; borde poco a muy dividido en lóbulos, consistencia carnosa a correosa y con superficie felpada, gris, blanca amarillenta, gris blanquecina a gris parduzco con tonos violáceos. *Láminas* concoloras con pelos blancos en el borde. *Hifas* del contexto con la pared gruesa, a veces con fíbulas e incrustaciones en la superficie. Ocasionalmente con cistidios en la capa himenial. *Basidios* de 15-20 x 4-6 micrómetros. *Esporas* inamiloides, cilíndricas o alantoides, de 6-7.5 x 1-2 micrómetros.

Notas etnomicológicas: Esta especie es comestible y es llamada en maya lacandón *Xikin*, que significa oreja. Es una de las especies comestibles más importantes culturalmente en Nahá y Metzabok, y es al parecer por su frecuencia de consumo, la especie comestible de mayor importancia cultural en los trópicos de todo el mundo.

Hábitat: Se puede encontrar de manera abundante sobre troncos o residuos leñosos en estado de descomposición; es una especie muy común en la selva mediana perennifolia, bosque mesófilo de montaña e inclusive en espacios transformados como acahuales y milpas.

Auricularia delicata

(Fr.) Henn.

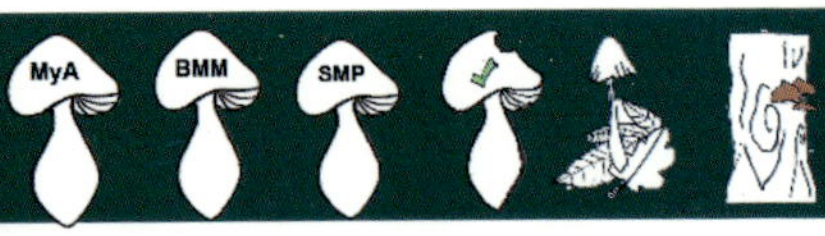

Familia Auriculariaceae
Orden Auriculariales

Descripción: *Esporomas* pileados, solitarios, auriculiforme-orbicular, de 30-80 milímetros de diámetro, en fresco consistencia gelatinosa a cartilaginosa, membranosa; al secarse de consistencia cueruda a quebradiza. Semitransparente, de sésil a subestipitado, superficie superior color café oscuro. *Superficie himenial* reticulada por plegamiento formando "poros" elongados o polihédricos, de diferentes tamaños, frecuentemente formando surcos radiales o concéntricos, de amarillo pálido a café claro al secarse. *Abhimenio* de color café a amarillo paja. Pelos en la superficie moderadamente distribuidos, de 50-100 micrómetros de largo, 6-7 micrómetros de ancho, hialinos, de pared gruesa, con punta obtusa. Hifas de 2.5-3 micrómetros de ancho con fíbulas. *Contexto* desprovisto de medula. *Himenio* de 40-50 micrómetros de grosor. *Basidiosporas* alantoides a cilíndricas de 10-12 x 4.5-5 micrómetros gutuladas (uni, bi, o multigutuladas).

Notas etnomicológicas: Esta especie, al igual que *A. nigricans* y *A. fuscosuccinea*, es llamada *Lo´ro* en maya lacandón y es reconocida como comestible. Es común que se prepare en caldo de frijol. Su consumo es común en muchas regiones tropicales a lo largo de Mesoamérica.

Hábitat: Se puede encontrar de manera abundante sobre troncos o residuos leñosos en estado de descomposición; es una especie muy común en la selva mediana perennifolia, bosque mesófilo de montaña e inclusive en otros espacios transformados como acahuales y milpas.

Auricularia fuscosuccinea

(Mont.) Henn.

Familia Auriculariaceae
Orden Auriculariales

Descripción: *Basidioma* solitario a gregario típicamente de 30-60 milímetros, pero alcanza los 120 milímetros ocasionalmente. Delgado y con forma irregular de copa u oreja y de color rosáceo-café a rojo oscuro-café, gelatinoso, pero translúcido y duro al secarse. Sésil o subestipitado. La superficie externa está recubierta de pelos cortos grises, los cuales vistos al microscopio se encuentran entre 50-85 micrómetros y tienen puntas redondeadas. Himenio grisáceo a café pálido, usualmente rugoso o con venaciones. *Contexto* delgado, translúcido. Sin olor distintivo. *Esporada* blanca. Zona compacta de 25-35 micrómetros de ancho, zona subcompacta superior de 15-20 micrómetros, zona laxa superior de 140-150 micrómetros, médula de 35-50 micrómetros, zona subcompacta inferior de 60-70 micrómetros. Himenio de 70-80 micrómetros. Basidiosporas alantoides a cilíndricas, hialinas, gutuladas, 10-13(15)x 3.5-6 micrómetros.

Notas etnomicológicas: Esta especie, al igual que *A. nigricans* y *A. delicata*, es llamada *Lo´ro* en maya lacandón y es reconocida como comestible. Es común que se prepare en caldo de frijol. Su consumo es común en muchas regiones tropicales a lo largo de Mesoamérica.

Hábitat: Se puede encontrar de manera abundante sobre troncos o residuos leñosos en estado de descomposición; es una especie muy común en la selva mediana perennifolia, bosque mesófilo de montaña e inclusive en otros espacios transformados como acahuales y milpas.

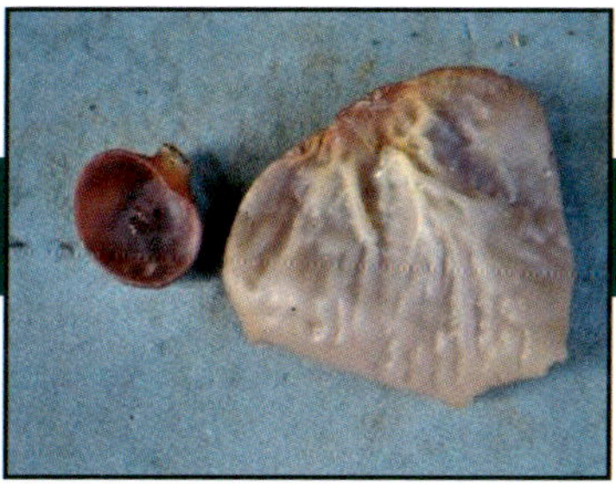

Auricularia nigricans

(Sw.) Birkebak, Looney & Sánchez-García

Familia Auriculariaceae
Orden Auriculariales

Descripción: *Esporomas* pileados auriculiforme a discoides, unidos al substrato en un punto, comúnmente fusionadas e imbricadas, irregularmente lobuladas, 50-60 (110) milímetros de diámetro, consistencia de carnosa-cartilaginosa a gelatinosa en fresco, correosa a quebradiza en ejemplares secos, 1-1.5 milímetros de grosor. Superficie superior, abhimenio, tomentoso, color ocre a café dorado, recubierto densamente con pelos largos simples sin formar zonas concéntricas. *Superficie himenial* lustrosa, de color morado oscuro, tornándose negro violáceo al secarse. Pelos de más de 600 micrómetros de largo, 6-9 micrómetros de grosor, obtusos en el ápice. En el contexto se presenta una médula de 65-70 micrómetros de grosor compuesta por una banda central de hifas paralelas. *Hifas* con fíbulas. *Himenio* de 80-85 micómetros de grosor. *Basidiosporas* fusiformes-elipsoidales, de 12.5-15.5 x 6.5-7 micrómetros, hialinas, con gútulas.

Notas etnomicológicas: Esta especie, al igual que *A. fuscosuccinea* y *A. delicata*, es llamada *Lo´ro* en maya lacandón y es reconocida como comestible. Es común que se prepare en caldo de frijol. Su consumo es común en muchas regiones tropicales a lo largo de Mesoamérica. Junto con el *Kayoch* y el *Xikin*, los *Lo´ro* son considerados como las especies locales de mayor importancia cultural entre los lacandones de Naha y Metzabok.

Hábitat: Se puede encontrar sobre troncos o residuos leñosos en estado de descomposición; es una especie muy común en la selva mediana perennifolia, bosque mesófilo de montaña e inclusive en otros espacios transformados como acahuales y milpas.

Aureoboletus auriporus

(Peck) Pouzar

Familia Boletaceae
Orden Boletales

Descripción: *Píleo* de 20-80 milímetros convexo a ampliamente convexo o casi plano. Pegajoso al tacto cuando está fresco, finamente aterciopelado. Rosáceo-café y un color deslavado después de un tiempo. *Margen* con una porción estéril extendida pequeña. *Himenóforo* poroso, amarillo brillante sin cambio de color o cambio muy lento a tonos rosáceos a rojizos al tacto cuando está maduro, 1-3 poros por milímetros, tubos de 15 milímetros de longitud. *Estípite* mucho más largo que el ancho del píleo, 40-120 x 5-15 milímetros más o menos cilíndrico, pegajoso cuando está fresco, con tonos amarillos en la parte superior y rosáceo-café y con aspecto de rayas en la parte inferior. Con fibras diminutas amarillas cuando es más joven. Micelio basal blanco. *Contexto* blanco a amarillo pálido sin cambios de color. Con sabor suave, salvo el material viscoso en píleo y estípite el cual es ácido. Sin olor distintivo. *Esporada* olivo café. *Esporas* de 11-16 x 4-6 micrómetros, lisas, subfusoides, de color café oscuro con Melzer. Cistidios de 38-100 x 9-16 micrómetros.

Notas etnomicológicas: En maya lacandón esta especie es conocida como *ch´o´ wah*, que significa tortilla de ratón. Este nombre le es asignado ya que dentro del conocimiento etnoecológico lacandón se reconoce la micofagia de esta especie por parte de los roedores. En este sentido, aunque no tenga un uso directo, se le reconoce su importancia ecosistémica.

Hábitat: Esta especie es de sustrato terrícola y se puede encontrar en el bosque mesófilo de montaña.

Boletus pulverulentus f. *pulverulentus*

Opat.

Familia Boletaceae
Orden Boletales

Descripción: *Píleo* de hasta 80 milímetros convexo a plano convexo o casi plano. Aterciopelado o liso a ligeramente víscido. Amarillo, amarillo-ocráceo, ocráceo a café y hasta oliváceo o café-naranja. Cambia a azul al tacto. *Estípite* usualmente cilíndrico a clavado o fusiforme. Color amarillo en la parte superior y grisáceo hacia la base, con tonos cafés rojizos a vino; presenta una superficie irregular sin llegar a ser reticulado; con maltrato cambia de color a azul oscuro; micelio basal blanco, pero se oscurece a café con el manejo. *Contexto* amarillo, cambia a azul instantáneamente al exponerse, rojizo en la base del estípite. Sin olor ni sabor distintivos. *Himenóforo* poroide con la superficie amarilla y café amarillento con la edad; poros angulares, 1 a 2 por milímetro, tubos de hasta 15 milímetros de longitud. *Esporada* color olivo oscuro a café. *Esporas* 11-14 x 4.5-6 micrómetros, subfusoides y lisas. Cistidios fusoide-ventricosos abundantes, de 32-50 x 8-15 micrómetros con contenido granuloso amorfo de color rojizo café con Melzer.

Notas etnomicológicas: En maya lacandón esta especie se llama *wah kisin*, que significa la tortilla del *Kisin*, quien es hermano de *Hachäk'yum*, el Dios creador de los lacandones. En los mitos de origen lacandones, *Hachäk'yum* creó y reservó esta especie para que fuera la comida de los dioses, particularmente de su hermano *Kisin*. En consecuencia, los lacandones no pueden hacer uso de esta especie.

Hábitat: Esta especie es de sustrato terrícola y se puede encontrar en el bosque mesófilo de montaña.

Calostoma cinnabarinum

Corda

Familia Calostomataceae
Orden Boletales

Descripción: *Esporoma* globoso de color anaranjado o rojizo brillante, de 20 milímetros de diámetro, con una capa externa gelatinosa, transparente y delgada. Presenta un peristoma apical en forma de cruz al madurar. *Gleba* de color blanco a crema cuando joven y pulverulenta en su fase adulta y esporas de color café oscuro. Los hongos maduros presentan una base rizomórfica cartilaginosa-gelatinosa, de alveolada a lacunosa, hialina, de 20-30 x 55 milímetros de longitud. *Esporas* de 14-20 x 6.3-8.5 micrómetros, elípticas y lisas.

Notas etnomicológicas: Este hongo no es de importancia cultural para los lacandones de Nahá y Metzabok. Sin embargo está reportado su consumo en el estado de Hidalgo por población otomí (Bautista-Nava y Moreno-Fuentes, 2009).

Hábitat: Esta especie se encuentra sobre el suelo de la selva mediana perennifolia en espacios de transición con bosques de encino.

Geastrum saccatum

Fr.

Familia Geastraceae
Orden Geastrales

Descripción: *Esporoma* gastroide inicialmente liso, ovoide con un peristoma cónico, de 20-30 milímetros cuando está inmaduro y hasta 50 milímetros al madurar, sésil. Al madurar el exoperidio se abre en 4-9 pétalos más o menos triangulares, involutos a revolutos, no higroscópicos, color beige. Endoperidio de hasta 20 milímetros más o menos redondeado, liso, café a morado con un peristoma cónico rodeado de una depresión circular (lo cual comúnmente se observa como un área pálida). *Saco endoperidial* sésil, globoso o subgloboso de 6-25 milímetros papiráceo a liso, blancuzco a café claro. *Gleba* inicialmente sólida y polvosa en la madurez, tono café. *Esporas* de 3.5-4.5 X 3.5-4.5 micrómetros incluyendo la ornamentación; esféricas, verrucosas, apéndice hilar corto, de color café a amarillos con KOH.

Notas etnomicológicas: Esta especie es llamada en maya lacandón *kuxum lu´um* que significa hongo de la tierra. En otras regiones del estado y del país, esta especie es ampliamente utilizada como medicina para combatir enfermedades y lesiones en la piel (Bautista-González, 2013).

Hábitat: Esta especie se puede encontrar sobre el suelo de la selva mediana perennifolia en zonas de transición con bosques de encino.

Phaeoclavulina cokeri

(R.H. Petersen) Giachini

Familia Gomphaceae
Orden Gomphales

Descripción: *Basidioma* ramificado dicotómicamente con forma de arbusto o coral de 30-120 x 10-74 milímetros; frágil y fácilmente quebradizo, rígido con el tiempo. En el caso de los más pequeños son amarillo-naranja y los de mayor tamaño amarillo-café. Al dañarse se torna morado oscuro o café negruzco. *Estípite* bien diferenciado de 20-30 x 4-5 milímetros con abundante micelio en la base dando una apariencia felposa. Muchas ramas salen del estípite y luego se ramifican dicotómicamente unas 4 a 5 veces. Cada rama es similar en tamaño, 15-20 x 3-4 milímetros y paralelas al estípite. *Contexto* firme y seco, color blanquecino o gris, después de un tiempo cambia a gris-morado. La superficie reacciona con KOH al 10% cambiando a naranja rojizo y el contexto a naranja amarillo. Con Melzer se ve azul negruzco. *Himenio* anfígeno con zona estéril en las axilas. *Esporas* elipsoides de 9.5-13.5 x 4-5.5 micrómetros, equinuladas.

Esporada amarilla a café amarillenta. *Basidios* clavados, subcilíndricos y hialinos de 36-60 x 7-10 micrómetros, tetrasporados y fibulados en la base; con esterigmas de 4-8.4 x 1.4-3 micrómetros.

Notas etnomicológicas: En maya lacandón esta especie es llamada *aax*, que significa verruga. Es utilizada con fines medicinales, precisamente para eliminar las verrugas del cuerpo.

Hábitat: Esta especie se encuentra sobre el suelo de la selva mediana perennifolia.

Phaeoclavulina zippelii

(Lév.) Overeem

Familia Gomphaceae
Orden Gomphales

Descripción: *Basidioma* de 30-90 milímetros de altura, ramificándose repetidamente; superficie de color café grisáceo o café oliváceo con ápices blancos o con tonos verde azules muy claros. *Contexto* de color blanco a café pálido, de olor no distintivo y sabor amargo. *Basidios* bispóricos. *Basidiosporas* de 11-15 x 2-8 micrómetros, elipsoides a cilíndricas, equinuladas.

Hábitat: Esta especie se puede encontrar sobre el suelo de la selva mediana perennifolia en las zonas de transición con bosques de encino.

Notas etnomicológicas: Esta especie, al igual que otros hongos clavarioides y xylarioides son llamados localmente en maya lacandón *Baak-el kisin* que significa hueso o esqueleto del *Kisin* (hermano de *Hachäk'yum*, Dios creador de los lacandones). También es llamada *halal kisin* que significa la flecha del *kisin*. Su importancia radica en que, según los mitos de origen lacandones, *Hachäk'yum* creó estos hongos para que fueran las herramientas que utilizarían los dioses, particularmente su hermano *Kisin*. Por este vínculo divino, los actuales lacandones deben tenerle respeto a estas especies, que en consecuencia y por lo general, no se aprovechan. Sin embargo, esta especie está reportada como comestible en la Amazonía colombiana (Franco-Molano *et al.*, 2005).

Coltricia cinnamomea

(Jacq.) Murrill

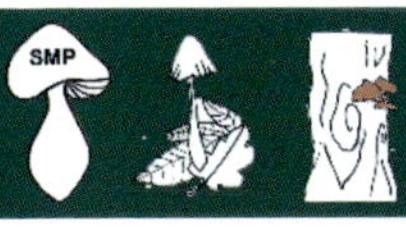

Familia Hymenochaetaceae
Orden Hymenochaetales

Descripción: *Píleo* de 10-50 milímetros de diámetro; acentuadamente infundibuliforme, ocasionalmente plano-deprimido o umbilicado; margen decurvado en la madurez, ondulado, delgado, entero a ligeramente desgarrado; superficie rojiza café a café óxido, usualmente con una zonación apenas notoria, velutinoso en el centro, apariencia algo brillosa. *Contexto* 0.5-2 mm concoloro con la superficie del píleo, negruzco con KOH. *Estípite* 10-40 x 1-3 milímetros, central; redondo a comprimido, sólido, ligeramente más ancho en la base, frecuentemente fusionado con cuerpos fructíferos adyacentes; superficie finamente velutinosa; de color café óxido a café naranja mate; *contexto* correoso en especímenes frescos y rígido en la madurez, concoloro con la superficie del estípite. *Himenóforo* con poros adnados a subdecurrentes, de 2-3 por milímetros; color canela a pardo e incluso amarillento café; elongados en especímenes inmaduros; *tubos* 1-2 milímetros de longitud, concoloros con la superficie de los poros. *Esporas* 6.5-10 x 4.5-7 micrómetros, oblongas elípticas; lisas con paredes delgadas; apéndice hilar inconspicuo, débilmente dextrinoides en Melzer.

Notas etnomicológicas: En maya lacandón esta especie se llama *wah kisin*, que significa la tortilla del *Kisin*, quien es hermano de *Hachäk'yum*, el Dios creador de los lacandones. En los mitos de origen lacandones, *Hachäk'yum* creó y reservó esta especie para que fuera la comida de los dioses, particularmente de su hermano *Kisin*. En consecuencia, los lacandones no pueden hacer aprovechamiento de esta especie.

Hábitat: Es una especie que se encuentra en troncos y residuos leñosos en estado de descomposición en la selva mediana perennifolia.

Phellinus gilvus

(Schwein.) Pat.

Familia Hymenochaetaceae
Orden Hymenochaetales

Descripción: *Basidioma* generalmente anual, a veces perenne, sésil en troncos. *Píleo* 50-150 x 15-30 milímetros más o menos semicircular o irregular, flabeliforme o plano-convexo; formando repisas sobrepuestas; textura rugosa y a veces algo aterciopelada; margen pubescente y color mostaza a amarillo en especímenes jóvenes, el resto del píleo es rojizo oscuro a café con tonalidades café amarillentas, llega a tener tonos negros en la madurez. *Poros* de color café-púrpura oscuro a café rojizo, 5 a 8 poros circulares por milímetro. *Tubos* de 1-7 milímetros de longitud, de ser perenne pueden formar varias capas. *Contexto* amarillo brillante con café a naranja-café, correoso. Reacciona con KOH tornándose rojo o negro en todas sus superficies. *Esporas* 4-5 x 3-3.5 micrómetros, elípticas, lisas. *Sistema hifal* dimítico.

Notas etnomicológicas: En maya lacandón esta especie se llama *wah kisin*, que significa la tortilla del *Kisin*, quien es hermano de *Hachäk'yum*, el Dios creador de los lacandones. En los mitos de origen lacandones, *Hachäk'yum* creó y reservó esta especie para que fuera la comida de los dioses, particularmente de su hermano *Kisin*. En consecuencia, los lacandones no pueden hacer aprovechamiento de esta especie.

Hábitat: Es una especie que se encuentra en troncos y residuos leñosos en estado de descomposición en la selva mediana perennifolia.

Favolus tenuiculus

(Beauv) Fr.

Familia Polyporaceae
Orden Polyporales

Descripción: *Basidioma* anual, pileado estipitado. De flabeliforme a espatulado. Consistencia carnosa coriácea. *Píleo* de 40 a 100 milímetros, de color blanco a crema, ocráceo a pálido oscuro, glabro o liso. Se pueden observar las marcas de los poros por transparencia. *Himenóforo* con poros decurrentes, hexagonales, elongados, radialmente de blanco a color crema amarillento brillante o concoloro con el píleo. *Poros* de 0.5 a 3 milímetros de diámetro. *Estípite* de 5-40 x 2-9 milímetros, lateral o excéntrico, raramente central, delgado y de pubescente a tomentoso, concoloro con el píleo. *Sistema hifal* dimítico con hifas generativas con fíbulas. Hifas conectivas muy ramificadas, alargadas, hialinas. Basidios de 16-30 x 4-7 micrómetros, hialinos, clavados tetraspóricos. *Esporas* de 8-12 X 2-4 micrómetros, cilíndricas, hialinas, inamiloides y de pared delgada.

Notas etnomicológicas: Este hongo, al igual que *Pleurotus djamor*, es conocido en maya lacandón como *Kayoch*, ya que los consideran un mismo taxón. También es una especie reconocida como comestible. Cabe señalar que esta especie también es consumida en muchas comunidades de tierras bajas mesoamericanas y amazónicas.

Hábitat: Se puede encontrar de manera abundante sobre troncos o residuos leñosos en estado de descomposición; es una especie muy común en la selva mediana perennifolia, bosque mesófilo de montaña e inclusive en otros espacios transformados como acahuales y milpas.

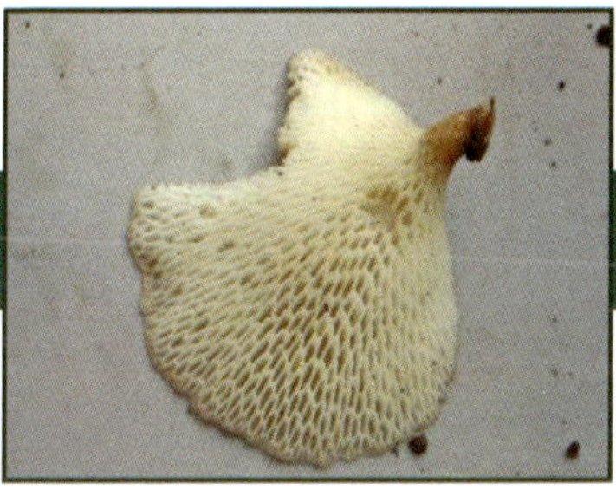

Lenzites elegans

(Spreng.) Pat.

Familia Polyporaceae
Orden Polyporales

Descripción: *Píleo* de hasta 350 x 30 milímetros; semicircular a forma irregular dimidada o forma de riñón, plano-convexo; superficie irregular rugosa cerca del punto de adherencia al sustrato y más liso hacia el margen; frecuentemente con zonas concéntricas, finamente piloso a glabro, con o sin verrugas; coloración concéntrica en tonos blancos grisáceos a beige, en ocasiones tonos más oscuros aparecen con la edad, sobre todo en el punto de adherencia y hacia el margen. *Poros* blanquecinos, con forma variable desde redondeados a angulares e incluso como laberinto o similar a láminas, 1 a 2 por milímetros. *Tubos* de hasta 6 milímetros de longitud, sin cambio de color o cambio ligero a amarillo. *Estípite* usualmente ausente, ocasionalmente se presenta como una estructura lateral corta y gruesa. *Contexto* blancuzco, correoso, como corcho, reacciona con KOH cambiando a amarillo. *Esporada* blanca. *Esporas* 5-7 x 2-3 micrómetros, lisas, cilíndricas a elípticas alargadas, hialinas en KOH, inamiloides. *Sistema hifal* trimítico.

Notas etnomicológicas: En maya lacandón esta especie se llama *wah kisin*, que significa la tortilla del *Kisin*, quien es hermanc de *Hachäk'yum*, el Dios creador de los lacandones. En los mitos de origen lacandones, *Hachäk'yum* creó y reservó esta especie para que fuera la comida de los dioses, particularmente de su hermano *Kisin*. En consecuencia, los lacandones no pueden hacer uso de esta especie.

Hábitat: Es una especie que se encuentra en troncos y residuos leñosos en estado de descomposición en la selva mediana perennifolia.

Pycnoporus sanguineus

(L.) Murrill

Familia Polyporaceae
Orden Polyporales

Descripción: *Basidioma* anual, forma de repisa, adherido al sustrato por una base lateral o un pequeño estípite. Delgado, coriáceo cuando está fresco y duro al secarse. Superficie del píleo zonada con bandas de color naranja en ejemplares juveniles y finalmente anaranjado rojizo oscuro. *Himenóforo* con poros circulares concoloros al píleo, de 3-6 poros por milímetros. *Sistema hifal* trimítico, presenta fíbulas, basidios tetraesporados de 10-13 X 3-5 micrómetros. *Basidiosporas* cilíndricas a ovaladas, hialinas, inamiloides de 4-5 X 1-3 micrómetros.

Notas etnomicológicas: Se nombra en maya lacandón como *Chäk wah,* que significa tortilla de color rojo, por la forma aplanada que tienen los poliporoides de repisa a los que relacionan con las tortillas y el color rojizo característico de esta especie. Aunque en Naha no se le reconoce ningún uso, esta especie está reportada como medicinal en muchos sitios del país, incluidos Los Altos de Chiapas. Es usada principalmente para combatir enfermedades y lesiones de la piel, para favorecer la cicatrización y como antibiótico en heridas externas (Bautista-González, 2013).

Hábitat: Se puede encontrar sobre troncos y residuos leñosos en estado de descomposición en la selva mediana perennifolia y el bosque mesófilo de montaña. Es muy abundante en espacios transformados como acahuales y milpas.

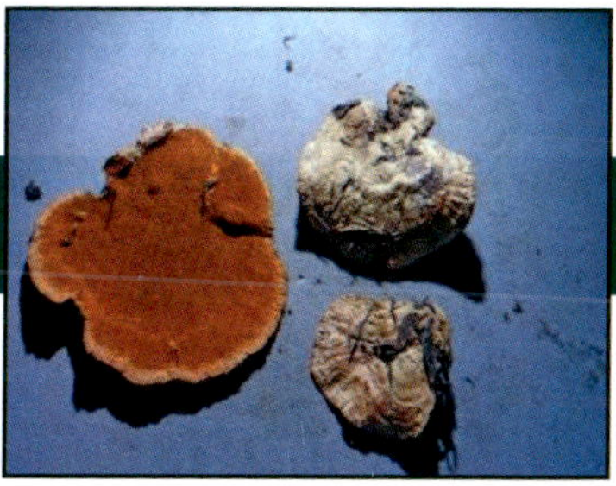

Hexagonia hydnoides

(Sw.) M. Fidalgo

Familia Polyporaceae
Orden Polyporales

Descripción: *Basidioma* solitario e imbricado, sésil, adherido al substrato por un pie corto y grueso, convexo o aplanado, 30-150 x 20-90 x 5-15 milímetros, consistencia coriácea a flexible cuando joven, rígida al secarse. Superficie del píleo con tonos café a olivo, finalmente negra, aterciopelada en ejemplares juveniles, luego zonada por la alternancia de zonas pilosas, con una capa compacta de fibrillas negruzcas, desigualmente ramificadas, erectas o postradas, 1-8 milímetros de longitud, radial y concéntricamente zonada en ejemplares maduros, margen recurvado hacia abajo, aplanado o delgado, agudo, rígido, es aterciopelado en estado juvenil, himenóforo tubular con 1-2 capas de tubos. *Poros* circulares, 3-5 por milímetro. *Sistema hifal* trimítico, presenta fíbulas, basidios tetraesporados de 9-10 micrómetros. *Basidiosporas* lisas, cilíndricas, hialinas, de pared delgada de 9-15 x 3-5 micrómetros.

Notas etnomicológicas: Esta especie no tiene ninguna importancia cultural en Nahá y Metzabok.

Hábitat: Se puede encontrar sobre troncos y material leñosos en estado de descomposición en la selva mediana perennifolia y cuando ésta se encuentra en transición con los bosques de encino.

Hexagonia tenuis

(Hook.) Fr.

Familia Polyporaceae
Orden Polyporales

Descripción: *Basidioma* anual a perene, solitario o en grupos. *Píleo* 20-50 x 1-3 milímetros, delgado y correoso, dimidado o flabeliforme a semicircular, superficie plana en especímenes jóvenes, aterciopelada con tonos pardos, ocre, sepia y beige en zonas concéntricas, a veces blanquecina hacia el margen. Superficie de los poros más o menos plana con poros muy superficiales grises blanquecinos y más oscuros (avellana, café cenizo), particularmente alejándose del margen, con la edad. *Poros* angulares a hexagonales en forma de panal, 0.5-2 por milímetro, *Tubos* de hasta 2 milímetros de longitud. *Contexto* 0.1-1 milímetros de ancho, café oscuro o café óxido. *Estípite* de estar presente, lateral y corto, frecuentemente reducido a un disco. *Sistema hifal* trimítico; hifas generativas con fíbulas y hialinas; hifas esqueléticas amarillentas a café pálido, con paredes gruesas y lumen distintivo 3-7 micrómetros de ancho; hifas conectivas hialinas con paredes gruesas y lumen indistinto. *Esporas* cilíndricas, hialinas, con paredes delgadas y lisas, 14-20 x 4.5-6.4 micrómetros.

Notas etnomicológicas: Esta especie es reconocida con el nombre de *kuxum che'*, que significa hongo de árbol.

Hábitat: Se puede encontrar sobre troncos y material leñoso en estado de descomposición en la selva mediana perennifolia y cuando ésta se encuentra en transición con los bosques de encino.

Trametes versicolor

(L.) Lloyd

Familia Polyporaceae
Orden Polyporales

Descripción: *Píleo* hasta 100 milímetros de ancho, pocos milímetros de grosor; flexible cuando está fresco, con forma circular, semicircular o dimidado, frecuentemente ondulado y fusionado con otros; densamente velutinoso o aterciopelado con zonas alternantes de textura; colores en líneas concéntricas con tonos blancos, canela, café, rojizo y ocasionalmente verduzco. *Estípite* ausente. *Contexto* delgado, blanco y correoso. *Poros* blancuzcos a grises, sin cambio de color; 4 a más poros por milímetros. *Tubos* de 3 milímetros de longitud. *Esporada* blancuzca. *Esporas* 5-6 x 1.5-2 micrómetros, cilíndricas, lisas, inamiloides. Sin cistidios, sistema hifal trimítico.

Notas etnomicológicas: En maya lacandón esta especie se llama *wah kisin*, que significa la tortilla del *Kisin*, quien es hermano de *Hachäk'yum*, el Dios creador de los lacandones. En los mitos de origen lacandones, *Hachäk'yum* creó y reservó esta especie para que fuera la comida de los dioses, particularmente de su hermano *Kisin*. En consecuencia, los lacandones no pueden hacer uso de esta especie.

Hábitat: Es una especie que se encuentra en troncos y residuos leñosos en estado de descomposición en la selva mediana perennifolia y el bosque mesófilo de montaña.

Ganoderma lobatum

(Schwein.) G.F. Atk.

Familia Ganodermataceae
Orden Polyporales

Descripción: *Basidioma* anual, lobado, sésil, superficie castaño rojiza, a más oscura, sin zonación, corteza delgada pero resistente, margen blanco a café claro. *Himenóforo* con poros grisáceos, amarillentos, 4 por milímetro. *Basidios* tetraesporados de 18-22 X10-12 micrómetros. *Basidiosporas* con doble pared, la interna ornamentada y truncadas, de 10-12 X 7-8 micrómetros.

Notas etnomicológicas: En maya lacandón esta especie, al igual que otros poliporoides de repisa, se llama *wah kisin*, que significa la tortilla del *Kisin*, quien es hermano de *Hachäk'yum*, el Dios creador de los lacandones. En los mitos de origen lacandones, *Hachäk'yum* creó y reservó esta especie para que fuera la comida de los dioses, particularmente de su hermano *Kisin*. En consecuencia, los lacandones no pueden hacer uso de esta especie.

Hábitat: Se puede encontrar sobre troncos de árboles en la selva mediana perennifolia y cuando ésta se encuentra en transición con los bosques de encino.

Daedalea quercina

(L.) Pers.

Familia Fomitopsidaceae
Orden Polyporales

Descripción: *Píleo* 60-200 milímetros de ancho, 20-50 milímetros de grosor, ensanchándose hacia la parte sujeta al sustrato, ampliamente convexo a plano; coriáceo, en forma de repisa irregular o abanico rugoso, glabro, tonos blanquecinos cuando es joven y amarillento o pardo en la madurez. *Tubos* en forma de huecos grandes de 10-40 milímetros de profundidad y 20 milímetros de ancho, conectados a manera de laberinto, generalmente alineados radialmente; color ocráceo pálido o grisáceo. *Poros* de 1-3 milímetros de ancho, con superficie en tonos variables de ocre a gris, más oscuros con la edad. *Contexto* blancuzco a café con la edad, textura muy dura. Reacciona con KOH cambiando de tonos cafés a negros. *Esporas* 5-7 x 2-4 micrómetros, elipsoides y lisas.

Notas etnomicológicas: En maya lacandón esta especie, al igual que otros poliporoides de repisa, se llama *wah kisin*, que significa la tortilla del *Kisin*, quien es hermano de *Hachäk'yum*, el Dios creador de los lacandones. En los mitos de origen lacandones, *Hachäk'yum* creó y reservó esta especie para que fuera la comida de los dioses, particularmente de su hermano *Kisin*. En consecuencia, los lacandones no pueden hacer uso de esta especie.

Hábitat: Se puede encontrar sobre troncos y residuos leñosos en estado de descomposición en selva mediana perennifolia.

Lactarius complex. deliciosus

(L.) Gray

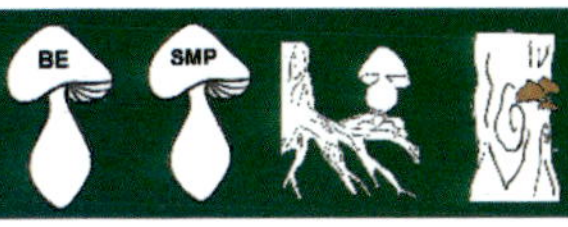

Familia Russulaceae
Orden Russulales

Descripción: *Píleo* de 10 a 150 milímetros de ancho, convexo, margen incurvado, de coloración naranja, adquiere tonos verdes al maltratarse y en ejemplares viejos. Látex color naranja. *Láminas* decurrentes, juntas, de color naranja, que se manchan de verde al maltratarse. *Estípite* central de 20-60 x 15-30 milímetros, cilíndrico. Olor dulce. *Esporas* de 8-11 x 7-9 micrómetros, subglobosas a elípticas amiloides, verrucosas de pared delgada.

Notas etnomicológicas: En Nahá esta especie no tiene ninguna importancia cultural, sin embargo, es una de las especies comestibles de mayor importancia en los Altos de Chiapas y en general en las zonas templadas de México y el mundo (Garibay-Orijel y Ruan-Soto, 2014).

Hábitat: Se encuentra en el suelo de la selva mediana en espacios de transición con bosques de encino.

Lactarius indigo

(Schwein.) Fr.

Familia Russulaceae
Orden Russulales

Descripción: *Píleo* de 50 a 150 milímetros de diámetro, de convexo a deprimido en el centro, margen incurvado, zonado, de color azul índigo a grisáceo en ejemplares maduros, tonos verdes al maltrato. Presencia de látex de color azul índigo. *Láminas* decurrentes, juntas, de color azul, se manchan de verde al maltratarse. *Estípite* de 20 a 80 milímetros de longitud y de 10 a 25 milímetros de ancho, de color azul, central, hueco. Sin olor característico y de sabor un poco amargo. *Esporas* de 8-10 x 5-7 micrómetros elípticas, verrucosas, de pared delgada, amiloides.

Notas etnomicológicas: En Nahá este hongo es llamado *yax much,* que significa *Much* de color azul. El *Much* es una especie comestible del género *Agaricus*. Para los lacandones, este hongo no tiene ningún uso, sin embargo *Lactarius indigo* es una de las especies comestibles más consumidas e importantes culturalmente en muchas comunidades de tierras templadas tanto en Chiapas como en el centro de México (Garibay-Orijel y Ruan-Soto, 2014).

Hábitat: Se encuentra en el suelo de la selva mediana en espacios de transición con bosques de encino, además de estar presente en bosque mesófilo de montaña.

Tremella foliacea

Pers.

Familia Tremellaceae
Orden Tremellales

Descripción: *Basidioma* de forma irregular amplia, a veces globosa y con superficie rugosa y gelatinosa; presenta lóbulos unidos a una base común color canela a café mate, más oscuro con la edad. Textura víscida a húmeda. Sin estípite, aunque presenta un tejido central en la base. Tanto la superficie superior como la inferior son fértiles; esporada blancuzca a amarillenta. *Contexto* delgado y algo traslúcido, gelatinoso. *Esporas* de 7-12 x 6-9 micrómetros, ampliamente elípticas a redondeadas; lisas, inamiloides. *Basidios* con paredes longitudinales.

Notas etnomicológicas: Esta especie, al igual que las del género *Auricularia*, es llamada *Lo´ro* en maya lacandón y es reconocida como comestible. Sin embargo esta especie no es tan abundante como las del genero *Auricularia*.

Hábitat: Se puede encontrar sobre troncos y material leñoso en estado de descomposición en la selva mediana perennifolia y el bosque mesófilo de montaña.

Ustilago maydis

(DC.) Corda

Familia Ustilaginaceae
Orden Ustilaginales

Descripción: *Teliosporas* en su mayoría redondeadas inmersas en soros mucilaginosos infectando los granos del maíz (*Zea mays*). En fases iniciales, la planta presenta manchas cloróticas en los puntos de infección y eventualmente desarrolla agallas tumorosas en tonos grises claros a oscuros sustituyendo los granos de la mazorca.

Notas etnomicológicas: En maya lacandón esta especie recibe el nombre de *kob*. Esta es una especie comestible. Si bien entre los lacandones no es una especie comestible muy apreciada, en el centro de México es sujeto de gran aprecio por su valor culinario (Valadez *et al.*, 2011) .

Hábitat: Esta especie se encuentra parasitando a los elotes. Su presencia no es tan común en las milpas de los lacandones en comparación con otras regiones del país.

Literatura citada

Aguirre-Acosta, E., M. Ulloa, S. Aguilar, J. Cifuentes y R. Valenzuela. 2014. Biodiversidad de hongos en México. Revista Mexicana de Biodiversidad 85:76-81.

Alexopoulos, C. J., C. W. Mims y M. Blackwell. 1996. Introductory Micology. Ed. John Wiley & Sons. Nueva York.

Andrade R. H y J. E. Sánchez. 2005. La Diversidad de hongos en Chiapas: un reto pendiente. pp. 33-80. *In:* González-Espinosa, M., N. Ramírez- Marcial y L. Ruiz-Montoya (Coord.) Diversidad Biológica en Chiapas. ECOSUR, COCyTECH, Plaza y Valdés, México D.F.

Bautista-González, J. A. 2013. Conocimiento tradicional de hongos medicinales en seis localidades diferentes del país. Tesis de licenciatura. Facultad de Ciencias. Universidad Nacional Autónoma de México. México D.F.

Bautista-Nava, E. y A. Moreno-Fuentes. 2009. Primer registro de *Calostoma cinnabarina* (Sclerodermatales) como especie comestible. Revista Mexicana de Biodiversidad 80:561-564.

Cano-Contreras, E. J. 2007. Tu Chien K´an: Prácticas y procesos simbólicos de las mordeduras de serpiente entre los lacandones de Naha, Chiapas, México. Tesis de Maestría en Ciencias en Recursos Naturales y Desarrollo Rural. El Colegio de la Frontera Sur, San Cristóbal de Las Casas.

CONANP. 2006a. Programa de conservación y manejo Área de Protección de Flora y Fauna Nahá. CONANP. México D.F.

CONANP. 2006b. Programa de conservación y manejo Área de Protección de Flora y Fauna Metzabok. CONANP. México D.F.

Contreras, U. y R. Mariaca. 2016. Manejo de los recursos naturales entre los mayas lacandones de Naha. ECOSUR, Red Temática sobre el Patrimonio Biocultural. San Cristóbal de Las Casas.

Cook, S. 2016. The Forest of the Lacandon Maya: An Ethnobotanical Guide. Springer. Nueva York.

Deacon, J. W. 1997. Modern Mycology. Blackwell Science. Oxford.

De Vos, J. 1980. La Paz de Dios y del Rey: La conquista de la selva lacandona (1525-1821). Secretaría de Educación y Cultura, Chiapas y FCE. México D.F.

Domínguez, M. H. 2011. La diversidad fúngica a través de los ojos de los lacandones de Naha, Chiapas. Tesis de Licenciatura. Escuela de Biología. Universidad de Ciencias y Artes de Chiapas. Tuxtla Gutiérrez.

Literatura citada

Durán, A. 1999. Estructura y etnobotánica de la Selva alta perennifolia de Naha, Chiapas. Tesis de Maestría en Ciencias. Facultad de Ciencias. Universidad Nacional Autónoma de México. México D.F.

Erosa, E. 2006. Lacandones. Comisión Nacional para el Desarrollo de los Pueblos Indígenas. México D.F.

Franco-Molano, E., A. M. Vasco Palacios, C. A. López Quintero y T. Boekhout. 2005. Macrohongos de la Región del Medio Caquetá Colombia. Universidad de Antioquia. Medellín.

Garibay-Orijel, R. y F. Ruan-Soto. 2014. Listado de los hongos silvestres consumidos como alimento tradicional en México. *In:* Moreno-Fuentes, A. y R. Garibay-Orijel (Eds.) La Etnomicología en México. Estado del Arte. Red de Etnoecología y Patrimonio Biocultural (CONACYT)-Universidad Autónoma del Estado de Hidalgo-Instituto de Biología UNAM-Sociedad Mexicana de Micología-Asociación Etnobiológica Mexicana A.C.-Grupo Interdisciplinario para el Desarrollo de la Etnomicología en México-Sociedad Latinoamericana de Etnobiología. México D.F. Pp: 91-112.

Garibay-Orijel, R. y S. García-Medrano 2006. Importancia ecológica de los hongos. *In:* Tovar-Velasco, J. y R. Valenzuela (Eds.) Los hongos del Parque Nacional Desierto de los Leones. Gobierno del Distrito Federal, Secretaría del Medio Ambiente. México D.F. Pp. 101-108.

Guzmán, G. 1998. Inventorying the fungi of Mexico. Biodiversity and Conservation 7:369-384.

Guzmán-Dávalos, L. e I. Álvarez. 2014. Hongos y líquenes como bioindicadores y micorremediacion. *In:* González Zuarth, C. A., A. Vallarino, J. C. Pérez Jiménez y A. M. Low Pfeng (Eds.). Bioindicadores: guardianes de nuestro futuro ambiental. El Colegio de la Frontera Sur e Instituto Nacional de Ecología y Cambio Climático, México, D.F. Pp. 579-603.

Hawksworth, D. L. 1991. The fungal dimension of biodiversity: magnitude, significance and conservation. Mycological Research 95:641-655.

Hawksworth, D. L. 1992. The tropical fungal biota: census, pertinence, prophylaxis, and pragnosis. *In*: Isaac, S. (Ed.) Aspects of Tropical Mycology. Simposium of the British Mycological Society. University of Liverpool. Cambridge University Press. Cambridge. Pp. 265-293.

Ingold, C. T. y H. J. Hudson. 1993. The Biology of Fungi. Chapman & Hall. Oxford.

Literatura citada

Kashanipour, R. A. y R. J. Mcgee. 2004. Northern Lacandon Maya Medicinal Plant Use in the Communities of Lacanja Chan Sayab and Naha', Chiapas, Mexico. Journal of Ecological Anthropology 8:47-66.

Levy-Tacher, S. I., J. R. Aguirre-Rivera, M. M. Martínez-Romero y A. Durán-Fernández. 2002. Caracterización del uso tradicional de la flora espontánea en la comunidad lacandona de Lacanhá. Interciencia 27(10):512-520.

March, I. 1998. Los mayas lacandones. Lacandones: problemas y potencialidades para desarrollo de un grupo indígena minoritario. El Colegio de la Frontera Sur. San Cristóbal de Las Casas.

Marion, M. O. 1999. El poder de las hijas de la luna. Consejo Nacional para la Cultura y Las Artes. INAH y Plaza y Valdez. México D.F.

Miranda, F. 1952. La vegetación de Chiapas. Ediciones del Gobierno del Estado. Tuxtla Gutiérrez.

Moore-Landecker, E. 1996. Fundamentals of Fungi. Prentice Hall. Nueva York.

Moreno-Fuentes, A., R. Garibay-Orijel, J. Tovar-Velasco y J. Cifuentes. 2001. Situación actual de la Etnomicología en México y el mundo. Etnobiología 1:75-84.

Müeller, G. M., J. P. Schmit, P. R. Leacock, B. Buyck, J. Cifuentes, D. E. Desjardin, R. E. Halling, K. Hjortstam, T. Iturriaga, K. H. Larsson, D. J. Lodge, T. W. May, D. Minter, M. Rajchenberg, S. A. Redhead, L. Ryvarden, J. M. Trappe, R. Watling and Q. Wu. 2007. Global diversity and distribution of macrofungi. Biodiversity and Conservation 16:37-48.

Nations, J. D. y R. B. Nigh. 1980. The evolutionary potential of lacandon maya sustained-yield tropical rain forest agriculture. *Journal of Anthropological research* 36(1):1-33.

Nucamendi, A. L. 2006. Uso de los vertebrados terrestres en dos comunidades indígenas de la Selva Lacandona, Chiapas, México. Tesis de Licenciatura. Escuela de Biología Universidad de Ciencia y Artes de Chiapas. Tuxtla Gutiérrez.

Ruan-Soto, F. 2014. Micofilia o Micofobia: Estudio comparativo de la importancia cultural de los hongos comestibles entre grupos mayas de tierras altas y de tierras bajas de Chiapas, México. Tesis de Doctorado. Instituto de Biología. Universidad Nacional Autónoma de México. México D.F.

Literatura citada

Ruan-Soto, F. y M. Ordaz-Velázquez. 2015. Aproximaciones a la etnomicología maya. Pueblos y Fronteras 10(20):44-69.

Ruan-Soto, F. y W. García-Santiago. 2013. Uso de los Hongos macroscópicos: estado actual y perspectivas. *In:* CONABIO (Eds.) La biodiversidad en Chiapas: Estudio de estado. CONABIO-Gobierno del Estado de Chiapas. Ciudad de México. Pp. 243-258.

Ruan-Soto, F., M. Hernández-Maza y E. Pérez-Ovando. 2013. Estado actual del conocimiento de la diversidad fúngica en Chiapas. *In:* CONABIO (Eds.) La biodiversidad en Chiapas: Estudio de estado. CONABIO-Gobierno del Estado de Chiapas. Ciudad de México. Pp. 75-83.

Ruan-Soto, F., J. Cifuentes, R. Mariaca, F. Limón, L. Pérez-Ramírez y S. Sierra-Galván. 2009. Uso y Manejo de los Hongos silvestres en dos comunidades de la Selva Lacandona, Chiapas, México. Revista Mexicana de Micología 29:61-72.

Ruan-Soto, F, R. Mariaca, J. Cifuentes, F. Limón, L. Pérez-Ramírez y S. Sierra-Galván. 2007. Nomenclatura, clasificación y percepciones locales acerca de los hongos en dos comunidades de la Selva Lacandona, Chiapas, México. Etnobiología 5:1-20.

Valadez, R., A. Moreno-Fuentes y G. Gómez. 2011. Cujtlacochi. El Huitlacoche. UNAM e INAH. México D.F.

Valenzuela, R., J. A. Tovar Velasco, S. García Medrano y D.M. Ávila Nájera. 2006 ¿Qué son los hongos? *In*: Tovar-Velasco, J. y R. Valenzuela (Eds.) Los hongos del Parque Nacional Desierto de los Leones. Gobierno del Distrito Federal, Secretaría del Medio Ambiente. México D.F. Pp. 29-36.

Whittaker, R. H. 1969. New concepts of kingdoms of organisms. Science 163:150-161.